Özgür Zeydan

Zonguldak Bölgesi PM10 Konsantrasyonu Dağılımının Modellenmesi

Özgür Zeydan

Zonguldak Bölgesi PM10 Konsantrasyonu Dağılımının Modellenmesi

Türkiye Alim Kitapları

Impressum / Künye
Bibliografische Information der Deutschen Nationalbibliothek: Die Deutsche Nationalbibliothek verzeichnet diese Publikation in der Deutschen Nationalbibliografie; detaillierte bibliografische Daten sind im Internet über http://dnb.d-nb.de abrufbar.

Deutsche Nationalbibliothek tarafından yayınlanan bibliyografik bilgiler: Deutsche Nationalbibliothek, bu yayını Deutsche Nationalbibliografie'de listeler; detaylı bibliyografik bilgi İnternet'te http://dnb.d-nb.de sitesinde mevcuttur.

Coverbild / Kitap kapağı resmi: www.ingimage.com

Verlag / Yayıncı:
Türkiye Alim Kitapları
ist ein Imprint der / yayınevinin bir ticari markasıdır
OmniScriptum GmbH & Co. KG
Bahnhofstraße 28, 66111 Saarbrücken, Deutschland / Almanya
Email / E-posta: info@turkiye-alim-kitaplary.com

Herstellung: siehe letzte Seite /
Basım yeri: son sayfaya bakın
ISBN: 978-3-639-67297-8

Zugl. / Approved by: Kocaeli, Kocaeli Üniversitesi, Doktora Tezi, 2014

İÇİNDEKİLER

ÖZET

Hava kirliliği, Zonguldak şehir merkezindeki en önemli çevre problemidir. Taş kömürü kullanımı nedeniyle partikül madde (PM_{10}) başlıca hava kirleticisidir. Çalışmada, noktasal, çizgisel ve alansal kaynaklar için PM_{10} emisyon envanteri hazırlanmıştır. Emisyon envanteri sonucunda 2710,22 ton/yıl PM_{10}'un tüm kaynaklardan atmosfere salındığı hesaplanmıştır. Emisyonun % 60,83'ü sanayi tesislerinden, % 38,27'si ısınmadan ve sadece % 0,89'u da ulaşımdan kaynaklanmaktadır. Ardından, çalışma alanındaki hava kalitesi PM_{10} için üç farklı hava kalitesi modeli ile modellenmiştir: ISCST3, AERMOD ve CALPUFF. Her bir model ile sanayi, ulaşım, ısınma ve tüm kaynaklar için PM_{10} konsantrasyonunun dağılım haritaları oluşturulmuştur. Modelleme çalışmasının sonucunda Bahçelievler, Terakki, Meşrutiyet, Mithatpaşa, Fatih ve Kuzyaka mahallelerinin partikül madde kirlililiğinden en çok etkilenen mahalleler olduğu ortaya çıkmıştır. Performans analizi sonuçlarına göre, CALPUFF modeli daha iyi sonuçlar göstermiştir. Ayrıca, temiz hava planı oluşturabilmek için önerilerde bulunulmuştur.

GİRİŞ

Havanın içeriğinde doğal olarak bulunmayan gazların ve partiküllerin canlılara ve ekosisteme zarar verecek konsantrasyonda ve yeterince uzun sürede havada bulunmaları hava kirliliği olarak adlandırılmaktadır. Hava kirliliği, modern hayatın başlıca gereksinimlerinden olan enerji üretimi, ısınma ve ulaşım gibi faaliyetlerin sonucunda oluşan bir çevre kirliliği türüdür. 20. yüzyılın ikinci yarısından itibaren, hava kirliliğine bağlı gerçekleşen ölüm olayları nedeniyle şehirlerin hava kalitesi önem kazanmış ve tüm dünyada bu alanda çok sayıda çalışmalar yapılmıştır. Gelişmiş ülkeler, hava kalitesi ile ilgili yönetmeliklerde kirleticilerin sınır değerlerini oldukça düşük tutarak, alternatif ve temiz yakıtlar kullanmaya başlayarak, kirlilik kontrol ekipmanlarının da yardımıyla hava kirliliği problemini büyük ölçüde aşmışlardır. Ancak, Türkiye gibi gelişmekte olan ülkelerde hava kirliliği halen ciddi boyutlardadır ve halk sağlığı açısından problem oluşturmaya devam etmektedir.

Bu tezin çalışma alanı olarak seçilen Zonguldak bölgesinde hava kirliliği, Çevre ve Şehircilik Bakanlığı'nın verilerine göre en öncelikli çevre sorunudur. Şehrin engebeli topografyası yeterli dispersiyon oluşumunu engellemektedir. Hava kirliliğinin başlıca kaynağı ise ilde evsel ısınma amacı ile tüketilen taş kömürüdür. Yapılan araştırmalar, Zonguldak halkının büyük çoğunluğunun "kaçak kömür" olarak bilinen lavvarlanmamış taş kömürü kullandığını ortaya koymuştur (Zeydan, 2008). Buna bağlı olarak il merkezinde partikül madde problemi başlıca sorundur. Çevre ve Şehircilik Bakanlığı'nın hava kalitesi izleme ağı verilerine göre çalışma alanında partikül madde konsantrasyonları oldukça yüksektir. Literatürde yapılan çalışmalarda partikül madde konsantrasyonundaki artışlara bağlı olarak solunum yolu hastalıklarının ve hatta ölüm oranlarının bile arttığı bilinmektedir. Buna rağmen, çalışma alanında partikül maddeler ile ilgili oldukça az sayıda araştırma bulunmaktadır ve bugüne kadar bu kirleticinin alansal dağılımına ait hiçbir çalışma yapılmamıştır. Bu tez literatürdeki bu eksikliği gidermeyi amaçlamaktadır.

Bu amaçla öncelikle, tezin 1. bölümünde partikül maddeler ile ilgili teorik bilgiler verilmiş, partikül maddelerin boyut dağılımları, kaynakları, kimyasal yapıları açıklanmıştır. Partikül maddelerin sebep olduğu sağlık etkileri ve diğer olumsuz sonuçlara değinildikten sonra hava kalitesi ile ilgili yönetmeliklerde partikül maddeler için verilen sınır değerler detaylı olarak sunulmuştur.

Tezin 2. bölümü hava kalitesi modelleme konusuna ayrılmıştır. Hava kalitesi modellemenin teorisi detaylarıyla açıklandıktan sonra, tez çalışmasında kullanılacak olan Gauss dispersiyon modeli oldukça ayrıntılı bir şekilde anlatılmıştır. Ayrıca, Gauss Puff modeline de değinilmiştir. Ardından, modelleme çalışmasında kullanılacak olan hava kalitesi modelleri açıklanmıştır. 2. bölümün sonunda model performansının değerlendirilmesi için kullanılan istatistiksel yöntemler de yine detaylı olarak işlenmiştir.

3. bölümde literatür özetine yer verilmiştir. Öncelikle, çalışma alanı olan Zonguldak bölgesinde partikül madde ile ilgili yapılan çalışmaların özeti sunulmuştur. Ardından da, hava kalitesi modelleme ve model performansının değerlendirilmesi gibi konularda literatürde yer alan çalışmaların özetlerine yer verilmiştir. Literatür özeti yapılırken mümkün olduğunda güncel çalışmalara yer verilmeye çalışılmıştır.

4. bölüm olan materyal ve metot bölümünde, öncelikle çalışma alanı tanıtılmıştır. Çalışma alanına ait meteorolojik parametreler sunulmuş, mevcut hava kalitesi partikül madde kirliliği açısından irdelenmiştir. Ardından, hava kalitesi modelleme çalışmaları sırasında Coğrafi Bilgi Sistemlerinin ne şekilde kullanılacağı açıklanmıştır. Sonra, ısınma, ulaşım ve sanayi tesisleri için ayrı ayrı hazırlanmış olan emisyon envanteri çalışmasına yer verilmiştir. Oldukça kapsamlı olarak hazırlanan envanterin ardından modelleme çalışmalarında kullanılacak olan model yazılımları (Aermod View ve Calpuff View) tanıtılmıştır. Modellerin ihtiyaç duyduğu meteorolojik ve topografik veriler hakkında bilgilere yer verilmiştir. Bu bölümde son olarak da model performansının belirlenmesi amacıyla kullanılacak olan verilerin nasıl elde edileceği anlatılmıştır.

5. bölümde öncelikle partikül madde emisyon envanterinin sonuçları verilmiştir. Ardından, modelleme çalışmaları sonucunda elde edilen kirlilik dağılım haritalarına yer verilmiştir. 1 saatlik, 24 saatlik ve yıllık ortalama süreler kullanılarak üç farklı hava kalitesi modeli ile ısınma, ulaşım, sanayi ve tüm kaynaklar için toplam 36 adet kirlilik dağılım haritası elde edilmiştir. Tüm kaynakların bir arada modellendiği senaryo için modellerin tahmin etmiş olduğu maksimum kirletici konsantrasyonları harita üzerinde işaretlenmiştir. Bu sayede Zonguldak hava kalitesi izleme istasyonunun konumunun uygun olup olmadığı tartışılmıştır. Ayrıca, modellerin performansları da hava kalitesi izleme istasyonunda ölçülen sonuçlar ile kıyaslanarak belirlenmiştir.

6. ve son bölüm olan sonuçlar ve önerilerde ise elde edilen sonuçlar yorumlanmış ve çalışma alanında hava kalitesinin iyileştirilebilmesi için neler yapılabileceği tartışılmıştır. Ayrıca, temiz hava planının hazırlanabilmesi için bazı öneriler sunulmuştur. Bu bölümde ayrıca, hava

kalitesi modelleme konusunda çalışan veya çalışmayı düşünen kişilere de yardımcı olabilecek bilgiler yer almaktadır.

1. HAVA KİRLİLİĞİ ve PARTİKÜL MADDELER

1.1. Hava Kirliliği ve Hava Kirleticileri

Üzerinde yaşadığımız yerküreyi saran atmosfer, tek bir gaz olmayıp çok sayıda gazın karışımıdır. Atmosferin yaklaşık %78'i azot ve %21'i de oksijendir. Geri kalan %1'lik bölümde gerçekleşen değişiklikler ise hava kirliliği bakımından oldukça önemlidir. Temiz havanın bileşiminde bulunmayan hava kirleticilerin insanlara, bitkilere, hayvanlara, ekosistemlere veya materyallere zarar verecek konsantrasyonda ve yeterince uzun süre havada bulunması hava kirliliği olarak tanımlanmaktadır. Hava kirliliğinden bahsedebilmek için şu üç temel bileşenin aynı anda bir arada bulunması gereklidir: kirletici kaynağı, taşınım mekanizmaları ve reseptörler. Hava kirliliğine sebep olan maddeler hava kirleticileri olarak tanımlanır. Hava kirleticileri doğal veya antropojenik kaynaklardan atmosfere salınabilirler. Bitkiler tarafından salınan emisyonlar (biyojenik), volkanik aktiviteler sonucunda salınan gaz ve partiküller (geojenik emisyonlar), deniz tuzları, kum fırtınaları ve polenler doğal hava kirliliği kaynaklarıdır. Evsel ısınmada, sanayi tesislerinde, motorlu taşıtlarda ve enerji üretiminde kullanılan fosil yakıtların yanması sonucunda oluşan emisyonlar ise antropojenik emisyonlardır. Reseptörler ise hava kirliliğinden etkilenen canlılar, ekosistemler veya diğer materyallerdir. Kirli havaya maruz kalan insanlar, hava kirliliği nedeniyle asidifikasyona uğrayan bir göl veya hava kirliliğinden etkilenen yapılar reseptör olabilir. Taşınım mekanizmaları ise hava kirleticilerinin kaynaktan salınmasının ardından reseptöre ulaşmasına kadar geçen sürede etkili olan türbülans, dispersiyon, meteorolojik etkiler ve çökelme gibi proseslerdir (Nanhatson, 1999; Ahrens, 2000; Schnelle ve Brown, 2002).

Hava kirleticilerini gazlar ve partikül maddeler olarak iki gruba ayırmak mümkündür. Kükürt oksitler (SOx), azot oksitler (NOx), karbon monoksit (CO), metan (CH_4), metan dışı uçucu organik bileşikler ve ozon (O_3) başlıca hava kirletici gazlardır. Kükürt dioksit (SO_2) ve kükürt trioksit (SO_3) bileşikleri kükürt oksitler ($SOx = SO_2 + SO_3$) olarak adlandırılırlar. Benzer şekilde azot monoksit (NO) ve azot dioksit (NO_2) bileşikleri ise azot oksitler ($NOx = NO + NO_2$) olarak adlandırılırlar. Partikül maddeler ise havada asılı kalan katı ve sıvı maddelerdir (Ahrens, 2000; Polichetti ve diğ., 2009). Temiz ve kirli havadaki kirleticilerin konsantrasyonları Tablo 1.1'de karşılaştırılmıştır(Schnelle ve Brown, 2002).

Tablo 1.1. Temiz ve kirli havadaki kirletici miktarları

Hava Kirletici	Temiz kabul edilen havadaki konsantrasyon (ppm)	Kirli havadaki konsantrasyon (ppm)
SO_2	0,001 - 0,01	0,02 - 3,2
CO	1	2 – 300
NOx	0,001 - 0,01	0,30 - 3,5
Toplam hidrokarbonlar	1	1 – 20
Partikül madde	10 - 20 $\mu g/m^3$	260 - 3200 $\mu g/m^3$

Tablo 1.2'de ise Çevre ve Şehircilik Bakanlığı'nın, 5 temel hava kirleticisi (SO_2, NO_2, CO, O_3 ve PM_{10}) için belirlemiş olduğu hava kalitesi indeksi gösterilmiştir (URL-1). PM_{10}, parçacık çapı 10 μm'den küçük olan partikül maddeler olup tezin geri kalanı PM_{10} ile ilgili olduğundan sonraki bölümlerde oldukça detaylı olarak açıklanacaktır. Hava kalitesi indeksi matematiksel hesaplama gerektirmeyen, genel bir sınıflandırma olup

kirleticilerin halk sağlığı üzerindeki etkisininin ve mevcut hava kalitesinin belirlenmesi amacıyla kullanılabilir. Yeşil renk iyi ve sarı renk orta derecede hava kalitesini belirtmektedir. Turuncu renk hassas gruplar için sağlık etkilerinin oluşabileceğini göstermektedir. Kırmızı renk herkes için sağlık etkilerinin görülmeye başlanacağı hava kalitesini ifade etmektedir. Mor renk kötü hava kalitesini belirtmekte olup bu seviyede sağlık açısından acil durumlar oluşabilir. Tehlikeli seviyeyi gösteren kahverengi renkte ise herkes için ciddi sağlık etkilerinin görülmesi olasıdır. Sağlıksız, kötü ve tehlikeli hava kalitesi şartlarının oluşması durumunda halk uyarılmalı ve hava kirliliğini engelleyecek önlemler en kısa sürede alınmalıdır. Hava kalitesi indeksinin yabancı ülkelerde de kullanım amacı aynı olmakla bereber, konsantrasyonların sınır değerleri ve örnekleme periyotları ülkeden ülkeye göre farklılıklar gösterebilmektedir.

Tablo 1.2. Hava kalitesi indeksi

İndeks		SO_2 [µg/m³]	NO_2 [µg/m³]	CO [µg/m³]	O_3 [µg/m³]	PM_{10} [µg/m³]
	HKİ	1 Sa. Ort.	1 Sa. Ort.	8 Sa. Ort.	8 Sa. Ort.	24 Sa. Ort.
İyi	0 – 50	0-100	0-100	0-5500	0-120^L	0-50
Orta	51 – 100	101-250	101-200	5501-10000	121-160	51-100^L
Hassas	101 – 150	251-500^L	201-500	10001-16000^L	161-180^B	101-260^U
Sağlıksız	151 – 200	501-850^U	501-1000	16001-24000	181-240^U	261-400^U
Kötü	201 – 300	851-1100^U	1001-2000	24001-32000	241-700	401-520^U
Tehlikeli	301 – 500	>1101	>2001	>32001	>701	>521

L: Limit Değer, B: Bilgi Eşiği, U: Uyarı Eşiği

PM_{10} için 24 saatlik ortalamalara göre 0 ile 50 µg/m³'lük konsantrasyon değeri "iyi", 51 ile 100 µg/m³'lük konsantrasyon değeri "orta" ve 101 ile 260 µg/m³'lük konsantrasyon değeri de "hassas" hava kalitesini belirtmektedir. PM_{10} konsantrasyonu değerinin 261 ile 400 $\mu g/m^3$ aralığında olması "sağlıksız" ve 401 ile 520 $\mu g/m^3$ aralığında olması ise "kötü" hava kalitesini belirtir. PM_{10} konsantrasyonu 521 $\mu g/m^3$ değerini aştığında ise "tehlikeli" hava kalitesi koşulları oluşmaktadır.

1.2. Partikül Maddeler ve Boyut Dağılımları

Aerosol olarak da bilinen partikül maddeler, havada askıda kalabilecek kadar küçük boyutlu olan katı parçacıkları ve sıvı damlacıklarından oluşan kirletici grubudur (Ahrens, 2000). Partikül maddelerin boyut dağılımları parçacıkların aerodinamik çaplarına göre yapılmaktadır. 0,1 mikrometreden (μm) 30 mikrometreye kadar olan tüm parçacıklar toplam partikül madde (TPM) olarak ifade edilirler. Çapı 10 μm'den büyük olan partiküller çok iri partiküller grubuna girerler. Çapı 10 mikrometreden (μm) küçük olan parçacıklar PM_{10} olarak adlandırılır. PM_{10}'u da üç alt kategoriye ayırmak mümkündür. Çapı 10 μm'den küçük ve 2,5 μm'den büyük olanlar kaba (iri) partiküller (PM_{10}) olarak ve çapı 2,5 μm'den küçük olanlar partiküller de ince partiküller ($PM_{2,5}$) olmak üzere sınıflandırılırlar. Aerodinamik yarıçapları 0,1 μm'den küçük olanlar partiküller ise süper ince partiküller olarak adlandırılmaktadırlar (Polichetti ve diğ., 2009; Spellman, 2009). Partikül maddelerin boyut dağılımları, özellikleri ve çökelme hızları Şekil 1.1'de gösterilmiştir. Şekil 1.1, Godish, 2004'den uyarlanmıştır.

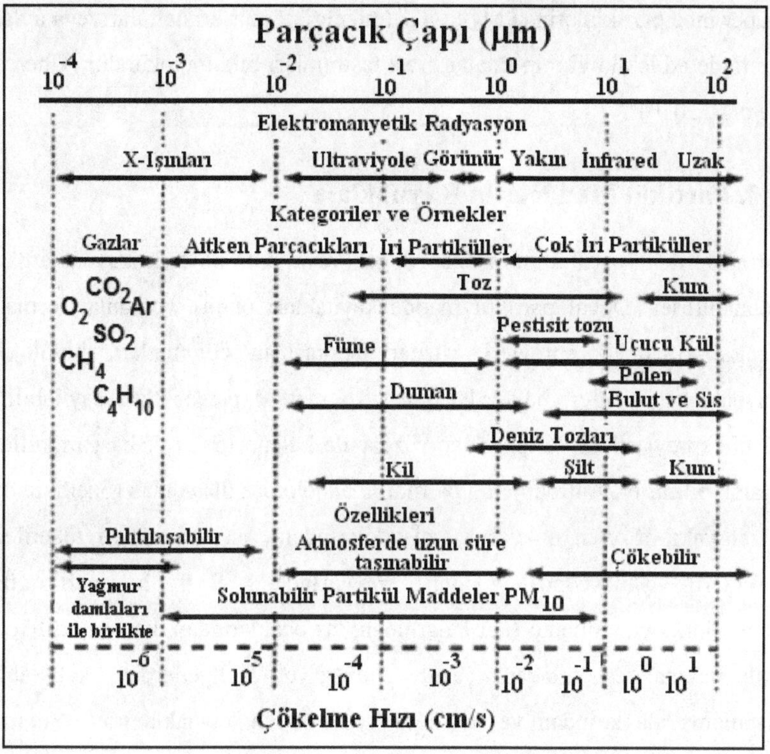

Şekil 1.1. Partikül maddelerin boyut dağılımları, özellikleri ve çökelme hızları

Partiküllerin boyutları, atmosferde kalma süresi, rüzgar ile taşınım mesafeleri, ışık saçılımındaki optik özellikleri, giderim mekanizmaları, kimyasal yapıları ve solundukları zaman insan vücudunda ulaşabildikleri yerler açısından önemlidir. Atmosferdeki partiküllere etki eden kuvvetler yer çekimi kuvveti ve yer çekimine karşı sürtünme kuvvetidir. Kaba parçacıklar (PM_{10}) ince parçacıklara ($PM_{2,5}$) göre daha hızlı çökeldikleri için atmosferde daha kısa süreli kalırlar. İnce partiküller ise atmosferde birkaç saat ile birkaç gün arasında kalarak hava akımının etkisiyle yüzlerce kilometre öteye taşınabilmektedirler (Godish, 2004; Spellman, 2009).

Süper ince partiküllerin ($PM_{0,1-2,5}$) atmosferik ömürleri haftalar veya aylar ile ifade edilebildiği için kıtalar arası taşınımları bile mümkündür (Uherek ve diğ., 2010).

1.3. Partikül Maddelerin Kaynakları

Atmosferdeki partikül maddeler doğal veya antropojenik kaynaklardan salınabilirler. Doğal partikül madde kaynakları olarak volkanlar, orman yangınları, deniz spreyleri, rüzgar ile taşınan çöl tozları, biyolojik kaynaklar (polenler, bakteriler gibi) ve meteor parçacıkları sayılabilir. Deniz spreyi etkisi ve topraktan rüzgar ile kalkan tozlar, kaba partiküller olarak bilinirler. Antropojenik partikül maddeler ise ulaşımdan (özellikle de dizel yakıt tüketen araçların emisyonlarından), ısınma amaçlı tüketilen yakıtların yanmasından, odun sobalarından, fosil kaynaklı güç santrallerinden, çimento fabrikalarından, taş ocaklarından, katı ve tehlikeli atık yakma tesislerinden, çeşitli endüstriyel faaliyetlerden, katı atık depolama alanlarından ve tarım faaliyetlerinden kaynaklanırlar. Yanma prosesleri sonucunda atmosfere salınan partiküllerin boyutu genellikle 2,5 µm'den küçüktür. Yanma veriminin az olması daha çok partikül madde oluşumu ile sonuçlanmaktadır (Holman, 1999; Jackson, 2003; Godish, 2004; Hill, 2004).

1.4. Partikül Maddelerin Kimyasal Yapıları

Partikül maddelerin kimyasal yapıları boyutlarına göre değişiklik göstermektedir. İnce partiküller yapılarında sülfat, nitrat, amonyum ve organik bileşikleri barındırabilmektedirler. Ayrıca, ince partiküllerin yapılarında asidik maddeler, metaller, toprak erozyonundan kaynaklı tozlar ve sağlık etkileri oluşturabilecek diğer kirleticiler de mevcuttur.

Partiküllerin yapılarındaki organik bileşikler doğrudan insan aktivitelerinden kaynaklanır. Örneğin, dizel yakıtlı otomobiller ve ağır vasıtalardan salınan partikül maddelerin yapısında n-alkanlar, n-alkanoik asitler, aromatik aldehitler ve asitler ile çok halkalı aromatik hidrokarbonlar bulunmaktadır (Godish, 2004).

Partikül maddelerin yapılarında bulunan metaller ise partiküllerin kaynağına göre değişiklik göstermektedir. Erozyon kaynaklı tozlarda yer kabuğunda görülen metallerden demir (Fe), manganez (Mn), çinko (Zn), kurşun (Pb), vanadyum (V), krom (Cr), nikel (Ni), bakır (Cu), kobalt (Co), civa (Hg) ve kadmiyum (Cd) gibi metaller bulunmaktadır. Termik santrallerden atmosfere salınan uçucu küllerin yapıları incelendiğinde ise demir (Fe), alüminyum (Al), silikon oksitleri ve yüksek konsantrasyonlarda manganez (Mn), nikel (Ni), kurşun (Pb), vanadyum (V), krom (Cr), nikel (Ni), bakır (Cu), kobalt (Co), arsenik (As) ve antimon (Sb) gibi maddelerin bulunduğu belirtilmiştir (Godish, 2004). Trafikten kaynaklanan partikül madde emisyonlarında ise magnezyum (Mg), alüminyum (Al), silisyum (Si), fosfor (P), kükürt (S), potasyum (K), kalsiyum (Ca), titanyum (Ti), manganez (Mn), demir (Fe), bakır (Cu), çinko (Zn) ve Kurşun (Pb) bulunabildiği bildirilmiştir (Uherek ve diğ., 2010).

1.5. Partikül Maddelerin Etkileri

Partikül maddelerin çevresel etkileri şu şekilde sıralanabilir: Partikül maddeler güneş ışığını engellediğinden güneş panellerinden üretilecek enerji miktarında kayıpların olması söz konusudur. Partikül maddeler görüş seviyesinin azalmasında rol oynarlar. Ayrıca, kuru ve yaş çökelme sonucunda toprak ve su ekosistemlerinin kimyasal yapılarında değişikliklere neden olurlar. Partiküller, güneş radyasyonunu saçma ve yer yüzeyinden yansıyan radyasyonu absorblama özelliklerinden dolayı iklim değişikliğine sebep olurlar. Son olarak, partikül maddelerin en önemli olumsuz etkisi insan sağlığına olan etkileridir (Godish, 2004; Yatkın ve Bayram, 2007).

Yunanistan'da yapılan bir çalışmada, güneş panellerinin üzerinde 1 g/m^2 yoğunluğundaki tozun birikmesi sebebiyle panellerdeki enerji üretiminin % 6,5 azaldığı belirtilmiştir. Bu oranın da gücü 10 kW'dan küçük olan bir güneş enerjisi santrali için yıllık pik kilowatt başına 40 Avro'luk para kaybına sebep olacağı hesaplanmıştır (Kaldellis ve Kokala, 2010).

Temiz bir havada bile gazların ışığı saçma özelliğinden (Rayleigh saçılması) dolayı görüş mesafesi birkaç yüz kilometre ile sınırlıdır. Havanın kirli olması durumunda, gazlar ile partiküllerin ışığı saçma ve absorbe etmeleri nedeniyle görüş mesafesi azalmaktadır. Partikül maddeler nedeniyle görüş seviyesinin azalması Şekil 1.2 ve Şekil 1.3'de, Zonguldak il merkezinde çekilmiş olan fotoğraflarda görülmektedir. Şekil 1.2'de fotoğraf 17 Mart 2014 tarihinde saat 17:44'de, Şekil 1.3'deki fotoğraf ise 18 Mart 2014 tarihinde saat 08:40'da çekilmiştir. Şekil 1.2'deki fotoğrafın çekildiği andaki PM_{10} konsantrasyonu 190 µg/m^3'dür. Bu değer saat 17:00 ve 18:00 Zonguldak Hava İzleme İstasyonunda ölçülen değerler (saat 17:00'da 83 µg/m^3 ve saat 18:00'da 229 µg/m^3) kullanılarak doğrusal interpolasyon ile hesaplanmıştır. Şekil 1.3'deki fotoğrafın çekildiği andaki PM_{10} konsantrasyonu ise 69 µg/m^3'dür. Bu değer de yine doğrusal interpolasyon ile hesaplanmış olup saat 08:00 ve 09:00'daki PM_{10} ölçüm değerleri (95 µg/m^3 ve 56 µg/m^3) kullanılmıştır. PM_{10} konsantrasyonunun daha yüksek olduğu ilk resimde görüş seviyesinin ciddi oranda azaldığı görülmektedir.

Şekil 1.2. Zonguldak'ta düşük görüş mesafesi (PM_{10} = 190 $\mu g/m^3$)

Şekil 1.3. Zonguldak'ta normal görüş mesafesi (PM_{10} = 69 $\mu g/m^3$)

Görüş mesafesinin azalmasında en çok etkili olan prosesler sırasıyla ışığın partiküller tarafından saçılması (Mie saçılması), partiküller tarafından absorblanması, gazlar tarafından absorblanması ve gazlar tarafından saçılmasıdır. Tüm aerosoller ışığın saçılmasına neden olmaktadır. Partikül maddenin çapı (D) ışığın dalga boyuna (λ) oranlandığında $0,03 \leq D/\lambda < 32$ oranını sağlayan partiküller Mie saçılması bölgesindedir. Dolayısıyla PM_{10}'un görünen ışık dalga boyundaki (0,4 - 0,7 µm arası) Mie saçılmasına neden olarak görüş seviyesini azalttığını söylemek mümkündür. Benzer şekilde, bütün aerosoller yakın ve termal kızıl ötesi bandındaki ışığı absorblayabilmektedir. Partikül maddedeki siyah karbon ve bazı toprak bileşenleri ise görünür ve ultraviyole banttaki ışığı da absorblayabilmektedir (Jacobson, 2002; Godish, 2004).

20 Mart 2010'da İzlanda'nın güneyinde bulunan Eyjafjallajökull Yanardağ'ının (63°37'12"K - 19°36'48"B) patlaması sonucunda atmosfere yayılan küller 14-21 Nisan 2010 tarihleri arasında Avrupa kıtasındaki 25 ülkeyi etkilemiştir. Görüş seviyesinin olmamasından dolayı 100000'den fazla uçuş iptal edilmiş ve 4 milyondan fazla yolcu bu durumdan etkilenmiştir. Havacılık şirketlerinin bu dönemki kaybının 1,3 milyon Avroyu geçtiği belirtilmiştir (Langmann ve diğ., 2012). Tayvan'da yapılan bir çalışmada ise görüş mesafesinin 11 km ve daha fazla olduğu günlerde PM_{10} konsantrasyonunun 150 $\mu g/m^3$'den daha düşük olduğu, görüş mesafesinin çok düşük olduğu günlerde ise PM_{10} konsantrasyonunun 250 $\mu g/m^3$'ü geçtiği bildirilmiştir (Wen ve Yeh, 2010).

Partikül maddelerin, kuru ve yaş çökelmesi sonucunda toprak ve su ekosistemlerinin kimyasal yapılarında değişikliklere neden olduğu bilinmektedir. Özellikle, kurak bölgelerden ve çöllerden rüzgar ile taşınan tozlar okyanuslarda çökeldiğinde, besin maddesi olarak fitoplanktonlar tarafından kullanılmaktadır. Ayrıca, kurak bölgelerden ve çöllerden rüzgarla havaya kalkan tozların uzun ve kısa dalga boylarındaki radyasyonu saçarak ve soğurarak atmosferin radyasyon akısını değiştirdiği bilinmektedir (Mikami ve diğ., 2006). Atmosferdeki toplam ısınma veya soğuma miktarı radyasyon akısı ile ölçülmektedir. Hükümetler arası İklim Değişikliği Paneli (IPCC) 2007 yılında yayınlamış olduğu 4. ilerleme raporunda 1750 – 2005 yılları arasındaki radyasyon akısı değerlerini hesaplamıştır. Aerosollerin neden olduğu ısınma ve soğuma etkileri Şekil 1.4'te gösterilmiştir. Pozitif değerler ısınma etkisini, negatif değerler ise soğumayı belirtmektedir. Şekil 1.4'e göre aerosollerin doğrudan etkilerinin ve bulut albedo etkisinin toplamı yaklaşık -1,4 W/m^2'lik soğuma etkisi oluşturmaktadır. Jet dumanları, siyah karbonun atmosferdeki varlığı ve kar yüzeyi üzerinde birikmesi ise toplamda yaklaşık 0,5 W/m^2'lik ısınma etkisi oluşturmaktadır (IPCC, 2014).

Filipinlerdeki Pinatubo Yanardağı (15°08′30″K - 120°21′00″D) 1991 yılının 15 - 16 Haziran tarihlerinde faaliyete geçtikten sonra atmosfere püskürtmüş olduğu aerosollerden dolayı Dünya'nın albedo etkisi kuvvetlenerek soğuma etkisi oluşmuştur. 1992 yılının ortaları ile 1993 yılının ortaları arasında alt stratosfer sıcaklığı yaklaşık 1°C ve troposfer sıcaklığı da yaklaşık 0,2°C azalmıştır (Rycroft, 1997).

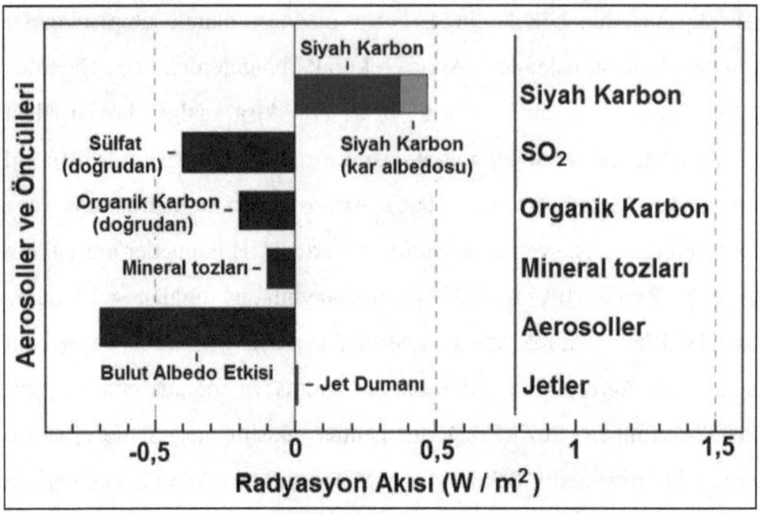

Şekil 1.4. 1750 - 2005 yılları arasındaki aerosol kaynaklı radyasyon akıları

Partikül maddelerin en önemli etkilerinden birisi de sebep olduğu sağlık sorunlarıdır. PM_{10} solunduğunda burun ve boğaz bölgesinde tutulurken 10 μm ile 2,5 μm arasındaki partiküller solunum yolunda daha aşağı bölgelere inip ciğerlerin girişine kazar ulaşabilmektedirler. $PM_{2,5}$ ise ciğerlerdeki alveollere kadar ulaşmakta ve burada kana karışabilmektedir (Şekil 1.5). Böylelikle, boyutu 2,5μm'den küçük olan partiküller solunum ve dolaşım sisteminde ciddi rahatsızlıklara yol açabilmektedirler. $PM_{2.5}$'e maruziyet nedeniyle 2000 yılında Avrupa'da ortalama insan ömrünün 8,6 ay kısaldığı hesaplanmıştır. Partikül maddelere maruziyet sonucunda boğaz ağrısı ve öksürük gibi akut etkiler görülebilirken; bronşit, kronik obstrüktif akciğer hastalığı (KOAH) ve astım gibi hastalıkların yüksek PM_{10} seviyeleriyle ilişkili oldukları bildirilmiştir (MacNee ve Donaldson, 1999; Uherek ve diğ., 2010).

PM_{10} konsantrasyonlarındaki artışların kardiyovasküler sistem (kalp ve damar sistemi) hastalıkları ve damar tıkanıklığı gibi şikayetlerle hastane başvurularında artışa neden olduğu belirlenmiştir. Ayrıca, partikül maddeye maruziyetin kalp ritminde değişkenliğe neden olduğu da bildirilmiştir (Polichetti ve diğ., 2009).

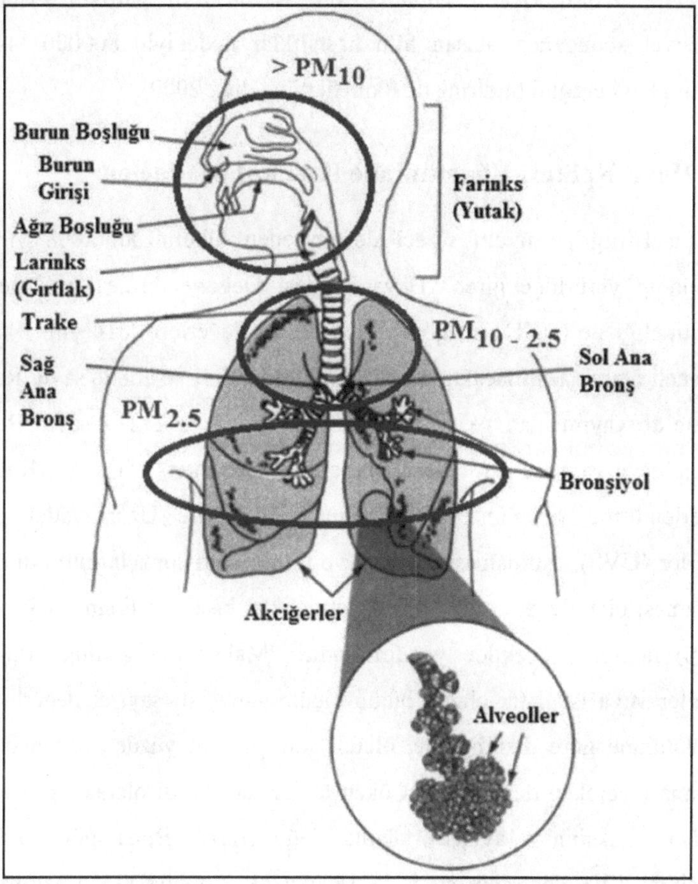

Şekil 1.5. Partikül maddeler ve etkiledikleri bölgeler (Godish, 2004)

Amerika Birleşik Devletleri'nde (ABD) yapılmış olan bir kohort çalışmasında $PM_{2,5}$ konsantrasyonundaki 10 $\mu g/m^3$'lük artışa bağlı olarak ölüm oranlarının % 13 arttığı tespit edilmiştir. Amerikan Kanser Derneği tarafından gerçekleştirilen bir başka kohort çalışmasında ise yine $PM_{2,5}$ konsantrasyonundaki 10 $\mu g/m^3$'lük artışa bağlı olarak ölüm oranlarının % 6 oranında arttığı bulunmuştur (Lopez ve diğ., 2005). Dünya Sağlık Örgütü (WHO – World Health Organization) de her yıl partikül maddeye maruziyet sonucunda oluşan tüm hastalıklar nedeniyle 800000 kişinin hayatını kaybettiğini bildirmiştir (Polichetti ve diğ., 2009).

1.6. Hava Kalitesi Yönetiminde Partikül Maddeler

Avrupa Birliği'ne uyum süreci devam eden ülkemizde, 2008 yılında yayınlanıp yürürlüğe giren "Hava Kalitesi Değerlendirme ve Yönetimi Yönetmeliği"ne (HKDYY) göre kirletici sınır değerleri 2014 yılına kadar kademeli olarak azaltılacaktır. 6 Haziran 2008 tarihli ve 26898 sayılı Resmi Gazete'de yayımlanan ve 05 Mayıs 2009 tarihli ve 27219 sayılı Resmi Gazete'de yayımlanan değişiklikle güncellenen "Hava Kalitesi Değerlendirme ve Yönetimi Yönetmeliği"ne göre Uzun vadeli sınır değerler (UVS), aşılmaması gereken ve tüm ölçüm sonuçlarının aritmetik ortalaması olan değerlerdir. Aynı yönetmelikte, kısa vadeli sınır değerlerin (KVS) tanımı şu şekilde yapılmaktadır: "Maksimum günlük ortalama değerler veya istatistik olarak bütün ölçüm sonuçları sayısal değerlerinin büyüklüğüne göre dizildiğinde, ölçüm sonuçlarının yüzde doksan beşini aşmaması gereken değerlerdir. Çöken tozlar için farklı olarak aşılmaması gereken maksimum aylık ortalama değerlerdir." Buna göre bir yıl içerisinde KVS değerinin en fazla 18 gün (365 günün %5'i) aşılmasına yönetmelikçe müsaade edilmiştir. 2013 yılında PM_{10} için verilen kısa vadeli sınır değer (KVS) 100 $\mu g/m^3$, kış sezonu ortalaması sınır değeri 90 $\mu g/m^3$ ve uzun vadeli sınır değer (UVS) de 60 $\mu g/m^3$'dür (Tablo 1.3).

Ülkemizde, Avrupa Birliği'ne (AB) üye olabilmek için yapılan çalışmalar kapsamında çevre mevzuatı da güncellenmektedir. Avrupa Birliği'nin PM_{10} için uygulamış olduğu yıllık ortalama 40 µg/m^3 ve 24 saatlik ortalama 50 µg/m^3 sınır değerine ulaşabilmek için 1 Ocak 2019 tarihi hedef seçilmiştir. PM_{10} için sınır değerlerin öncelikle 1 Ocak 2014 tarihine kadar kademeli olarak azaltılması ve sonraki dönemde de AB sınır değerlerinin sağlanması hedeflenmektedir. Hava Kalitesi Değerlendirme ve Yönetimi Yönetmeliği'nde (HKDYY) 2008 ve 2013 yılları arası geçiş dönemi olarak tanımlanmış ve bu yıllarda uygulanacak olan kısa vadeli sınır değer (KVS), kış sezonu ortalaması sınır değeri ve uzun vadeli sınır değerin (UVS) nasıl azaltılacağı açıklanmıştır. Bu yönetmelikte, KVS için "Sınır değer, 1 Ocak 2009 tarihinde başlayarak 1 Ocak 2014 tarihine kadar 100 µg/m^3 (sınır değerin %33'ü) olana kadar her 12 ayda bir eşit miktarda yıllık olarak azalır" ifadesi yer almaktadır. Kış sezonu ortalaması için de "Sınır değer, 1 Ocak 2009 tarihinde başlayarak 1 Ocak 2014 tarihine kadar 90 µg/m^3 (sınır değerin %45'i) olana kadar her 12 ayda eşit bir miktarda yıllık olarak azalır" ifadesine yer verilmiştir. Benzer şekilde, UVS için de "Sınır değer, 1 Ocak 2009 tarihinde başlayarak 1 Ocak 2014 tarihine kadar 60 µg/m^3 (sınır değerin %40'ı) olana kadar her 12 ayda eşit bir miktarda yıllık olarak azalır" ifadesi bulunmaktadır. Bu bilgilerin ışığında geçiş dönemindeki yıllara ait PM_{10} sınır değerlerinin kademeli azaltılması HKDYY 2008'den uyarlanarak Tablo 1.4'de gösterilmiştir.

2014 yılından başlayarak 2019 yılına ulaşana kadar uygulanacak limit değerler için de 09.09.2013 tarihinde Çevre ve Şehircilik Bakanlığı tarafından yayınlanan Hava Kalitesi Değerlendirme ve Yönetimi Genelgesi'ne göre toleranslı limit değerler uygulanacaktır. 2014 ile 2019 yılları arasını kapsayan toleranslı PM_{10} sınır değerlerinin kademeli azaltılması da Tablo 1.5'de gösterilmiştir. Böylelikle, 2019 yılından itibaren PM_{10} için Avrupa Birliği limit değerlerine ulaşılacaktır.

Tablo 1.3. HKDYY'ne göre PM_{10} sınır değerleri

Ortalama süre	Sınır değer (2013 Sınır Değerleri)	Sınır değerin yıllık azalması	Uyarı eşiği
-KVS- 24 saatlik % 95/yıl -İnsan sağlığının korunması için-	100 µg/m³		İlk seviye: 260 µg/m³ İkinci seviye: 400 µg/m³
Kış Sezonu Ortalaması (1 Ekim – 31 Mart) -İnsan sağlığının korunması için-	90 µg/m³	Sınır değer, 1.1.2008 tarihinde başlayarak 1.1.2014 tarihine kadar 90 µg/m³ (sınır değerin %45'i) olana kadar her 12 ayda eşit bir miktarda yıllık olarak azalır	Üçüncü seviye: 520 µg/m³
UVS- Yıllık -İnsan sağlığının korunması için-	60 µg/m³	Sınır değer, 1.1.2008 tarihinde başlayarak 1.1.2014 tarihine kadar 60 µg/m³ (sınır değerin %40'ı) olana kadar her 12 ayda eşit bir miktarda yıllık olarak azalır	Dördüncü seviye: 650 µg/m³ (Verilen değerler 24 saatlik ortalamalardır.)

Tablo 1.4. Geçiş dönemi (2008 - 2013) PM_{10} sınır değerlerin değişimleri

Parametre	Süre	Yıl					
		2008	2009	2010	2011	2012	2013
Partikül Madde (PM_{10}) için sınır değerler (µg/m³)	KVS	300	260	220	180	140	100
	UVS	150	132	114	96	78	60
	Kış Sezonu Ortalaması (1 Ekim – 31 Mart)	200	178	156	134	112	90

Tablo 1.5. 2014 - 2019 arası toleranslı PM_{10} sınır değerleri

PM_{10} Sınır Değeri ($\mu g/m^3$)	2014	2015	2016	2017	2018	2019
24 saatlik	100	90	80	70	60	50
Kış sezonu	90	80	70	60	50	40
1 yıllık	60	56	52	48	44	40

Amerika Birleşik Devletleri'nde ve Avrupa Birliği'ne üye ülkelerde uygulanan PM_{10} ve $PM_{2.5}$ sınır değerleri ise sırasıyla Tablo 1.6 (URL-2) ve Tablo 1.7'de (URL-3) gösterilmiştir. Dünya Sağlık Örgütü tarafından önerilen PM_{10} ve $PM_{2.5}$ limit değerleri ise Tablo 1.8'de yer almaktadır (WHO, 2006).

Tablo 1.6. ABD'de uygulanan PM_{10} ve $PM_{2.5}$ sınır değerleri

Partikül kirliliği	$PM_{2.5}$	Birincil ve ikincil	Yıllık	15 $\mu g/m^3$
			24-saatlik	35 $\mu g/m^3$
	PM_{10}	Birincil ve ikincil	24- saatlik	150 $\mu g/m^3$

Tablo 1.7. AB'ye üye ülkelerde uygulanan PM_{10} ve $PM_{2.5}$ sınır değerleri

Kirletici	Konsantrasyon	Ortalama Periyot	Limit değerin sağlanacağı tarih	Limit değerin aşılması
$PM_{2.5}$	25 $\mu g/m^3$	1 yıl	Hedeflenen: 1.1.2010 Yürürlük tarihi: 1.1.2015	-
PM_{10}	50 $\mu g/m^3$	24 saat	Yürürlük tarihi: 1.1.2005	35 gün
PM_{10}	40 $\mu g/m^3$	1 yıl	Yürürlük tarihi: 1.1.2005	-

Tablo 1.8. WHO tarafından önerilen PM_{10} ve $PM_{2.5}$ sınır değerleri

Kirletici	24 saatlik ortalama	Yıllık ortalama
PM_{10}	50 $\mu g/m^3$	20 $\mu g/m^3$
$PM_{2.5}$	25 $\mu g/m^3$	10 $\mu g/m^3$

Avrupa Birliği'nin PM_{10} için uygulamış olduğu yıllık ortalama 40 $\mu g/m^3$ sınır değeri nedeniyle özellikle birliğin eski üyesi olan ülkelerde PM_{10} yönünden hava kalitesi oldukça iyileşmiş durumdadır (Şekil 1.6) (URL-4).

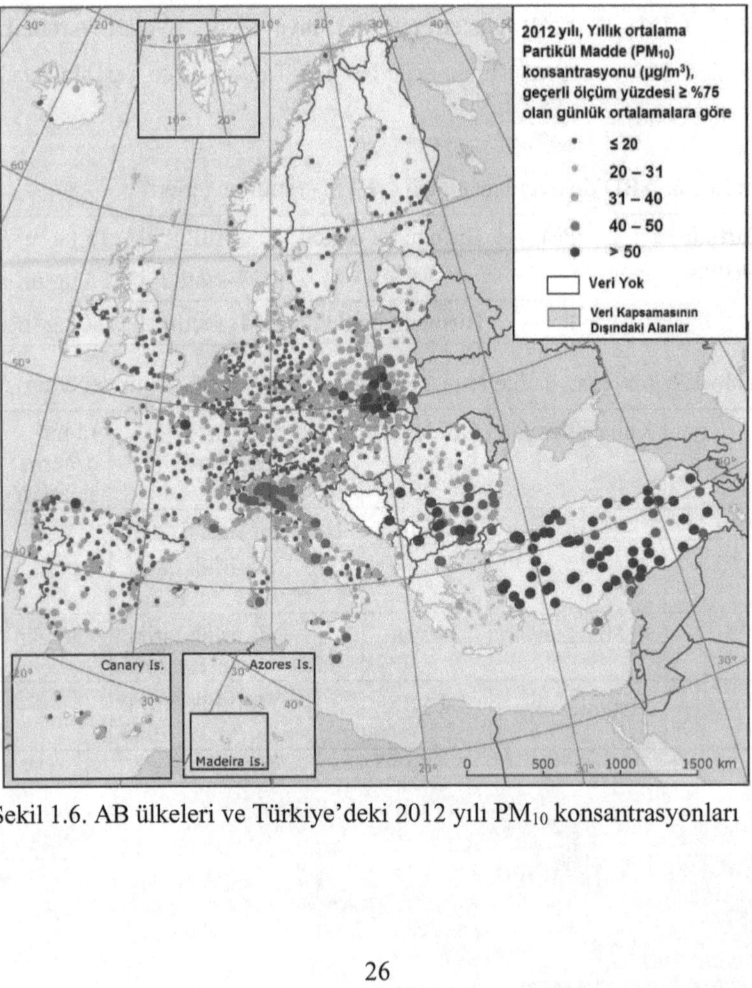

Şekil 1.6. AB ülkeleri ve Türkiye'deki 2012 yılı PM_{10} konsantrasyonları

Ekonomik Kalkınma ve İşbirliği Örgütü'nün (OECD) 2013 yılının Kasım ayında yayınlamış olduğu "How is life? 2013" raporunda OECD'ye üye ülkelerin hava kaliteleri partikül madde baz alınarak kıyaslandığında Türkiye, Şili'den sonra en kötü hava kalitesine sahip olan ülke olmuştur. Şekil 1.7'de bu rapordan alınan ve nüfusu 100000'den fazla olan şehirlerin atmosferindeki partikül madde konsantrasyonlarının ortalamaları kullanılarak çizilen grafik gösterilmektedir. 2009 yılında üye ülkelerin partikül madde ortalamalarına bakıldığında OECD ortalaması 20 $\mu g/m^3$ değerinin altında iken Türkiye ortalaması 30 $\mu g/m^3$'den daha yüksektir (OECD, 2013).

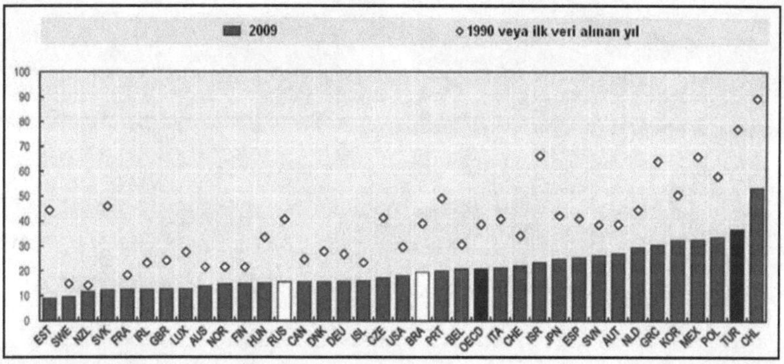

Şekil 1.7. OECD'ye üye ülkelerin 2009 yılı PM_{10} konsantrasyonları (OECD, 2013)

Partikül madde bakımından en kötü durumda olan ülkelerden birisi de Çin Halk Cumhuriyeti'dir. Ağustos 2011 ve Şubat 2012 tarihleri arasında yapılan bir çalışmada 26 şehirde PM_{10} ve bu şehirlerin 15 tanesinde de $PM_{2.5}$ değerleri ölçülmüştür. PM_{10} konsantrasyonları 38,7 ile 189,9 $\mu g/m^3$ arasında değişirken (ortalama 95,7 $\mu g/m^3$) $PM_{2.5}$ konsantrasyonlarının da 30,5 ile 121,2 aralığında olduğu (ortalama 65,2 $\mu g/m^3$) belirlenmiştir. Bu değerler, Dünya Sağlık Örgütü'nün 2011 yılında yayınladığı dünya şehirleri partikül madde ortalamlarına (veri aralığı 2003-2010) göre PM_{10}'da ortalamanın (36 $\mu g/m^3$) 2,7 katı ve $PM_{2,5}$'de de ortalamanın (11 $\mu g/m^3$) 5,9 katıdır (Chai ve diğ., 2014).

2. HAVA KALİTESİ MODELLEME

Dış ortam hava kalitesinin belirlenmesinde ilk akla gelen yöntem, hava kalitesi izleme istasyonları vasıtasıyla kirleticilerin konsantrasyonlarının ölçülmesidir. Ancak, hava kalitesinin belirlenmesi amacıyla hava kalitesi gözlem istasyonlarında yapılan ölçümler, hem maliyetlerinin yüksek olması hem de sadece tek bir noktayı ifade ettikleri için genellikle yetersiz olmaktadırlar. Tüm kirletici kaynakların hava kalitesine etkisini belirleyebilmek için emisyon envanterleri hazırlanabilmektedir fakat bu envanterler atmosferik şartlar altında kirliliğin yerleşim alanı üzerinde nasıl dağıldığı sorusuna cevap veremeyeceklerdir. İşte bu noktada hava kalitesi modellemesi, hem dış ortamdaki kirletici konsantrasyonlarını tüm alan için hesaplayabildiği ve kirliliğin ne şekilde dağıldığını gösterebildiği için sıklıkla başvurulan bir yöntemdir. Fiziksel olayların matematiksel formüller ve algoritmalar ile açıklandığı matematiksel modeller, bilgisayar teknolojisindeki gelişmelerle birlikte hava kalitesinin belirlenmesinde son 20 yılı kapsayan dönemde gittikçe artan bir kullanıma sahip olmaktadır.

Hava kalitesi modelleri ise kirleticilerin kaynaktan salındıkta sonra atmosferdeki hareketlerinin (taşınım ve dispersiyon), üretim ve giderimlerinin (fiziksel, kimyasal reaksiyonlar, kuru ve yaş çökelme) ve belirli alıcı noktalardaki konsantrasyonlarının matematiksel ifadelerle simüle edilmesidir (Holmes ve Morawska, 2006; Demirarslan ve diğ, 2008). Kullanılan matematiksel ifadeler genellikle kütle, moment ve enerji korunumu denklemleridir (Fraile ve diğ., 2006). Hava kirliliği modellerinin kullanım amaçları şu şekilde listelenebilir:

- Bilimsel araştırmalar yapmak: eğitim, yeni teorilerin ispatı, atmosferik proseslerin belirlenmesi

- Hava kalitesi yönetimi ve karar verme: ulaşım sistemi planlama, arazi kullanımı planlama
- Hava kirliliği kontrolü: kontrol stratejileri geliştirmek, kirlilik tahminleri yapmak
- Çevresel etki değerlendirmesi: yeni yapılacak yatırımların hava kalitesine etkilerinin belirlenmesi, farklı kontrol ünitelerinin etkinliklerinin tespiti
- Hava kirliliği episodları: Erken uyarı sistemlerinin geliştirilmesi (Karaca ve Ertürk, 1998; İncecik, 1999)

Hava kalitesi modelleri girdi olarak kirletici kaynaklara ait emisyon envanteri, meteorolojik veriler, topografik veriler ve atmosferde gerçekleşen kimyasal reaksiyonları kullanırlar. Modelin çıktıları ise istenen zaman ve koordinatlardaki kirletici konsantrasyonları ve konsantrasyonların alansal dağılım haritalarıdır (Karaca ve Ertürk, 1998).

2.1. Modellerin Sınıflandırılması

Modelleri fiziksel ve matematiksel olmak üzere iki gruba ayırmak mümkündür. Fiziksel modeller, genellikle bir olayı laboratuar ortamında simüle etmek ve matematiksel modeller için gerekli olan parametreleri bulmak amacıyla kullanılırlar. Rüzgar tüneli deneyleri fiziksel modellere örnek olarak verilebilir. Matematiksel modeller ise bir veya birkaç parametrenin hesaplanabilmesi için diğer parametrelerin kullanıldığı matematiksel algoritmalardır. Matematiksel modeller atmosferde gerçekleşen olayları matematik formülleriyle ifade eden deterministik modeller olabildikleri gibi ölçüm ve istatistiksel ilişkilere bağlı olan stokastik modeller de olabilirler (Karaca ve Ertürk, 1998).

Hava kalitesinin belirlenmesinde kullanılan modelleri Zanetti (1990) şu şekilde sınıflandırmıştır:

- Hüzme yükselmesi modelleri
- Yarı-ampirik modeller
- Euler modeller
- Lagrange modeller
- Kimyasal modeller
- Reseptör modelleri
- Stokastik modeller
- Gauss modelleri

Hüzme yükselmesi modellerinde termal kaldırma kuvveti ve dikey momentum bacadan salınan hüzmenin yükselmesinde etkilidir. Bu model tipi dikeydeki yükselmeyi ve dispersiyonun başlangıç aşamasındaki hüzme davranışını analiz etmeyi amaçlamaktadır (Fraile ve diğ., 2006).

Yarı-ampirik modeller, basitlik esasına dayanan ve ampirik parametrelerin kullanıldığı model tipleridir. Kutu modeli bu türe örnek olarak gösterilebilir (Fraile ve diğ., 2006). Kütlenin korunumu hesabına dayanan kutu modeli hem inert hem de reaktif kirleticiler için uygulanabilir (Zanetti, 1990). Kutu içerisindeki kirletici konsantrasyonunun homojen dağıldığını varsayan bu modelde kirleticilerin emisyonları, kimyasal reaksiyonlar ile kutu içine ve dışına kirleticilerin meteorolojik koşullar ile taşınması hesaba katılır. En önemli avantajları oldukça basit olmaları ve kolay hesaplanmalarıdır. Ancak, kutu modelleri kirleticilerin mekansal dağılımı hakkında bilgi sunabilmekten oldukça uzaktırlar (Finlayson-Pitts ve Pitts, 2000). 1990'lı yıllarda oldukça popüler olan bu modeller günümüzde hemen hemen hiç kullanılmamaktadır (Sportisse, 2010).

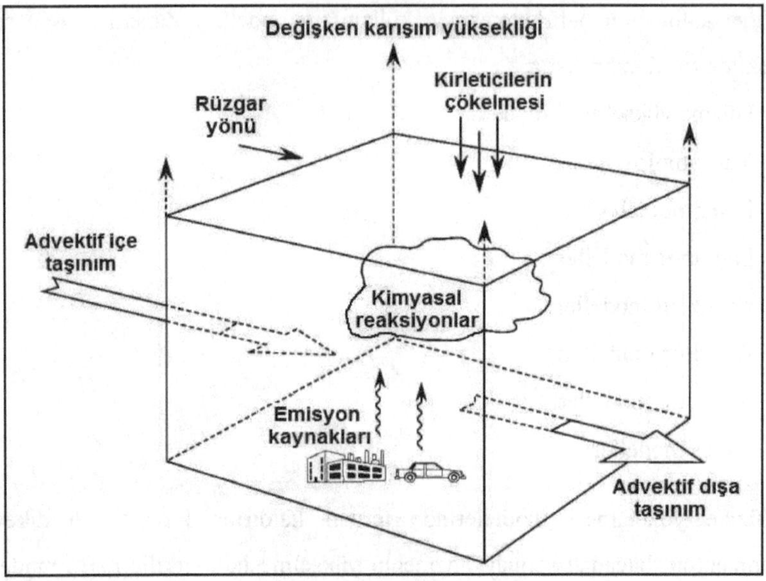

Şekil 2.1. Basit kutu modeli (Finlayson-Pitts ve Pitts, 2000)

Çok kutulu veya grid modeller olarak da adlandırılan Euler modellerde kirletici konsantrasyonları, kütlenin korunumu prensibine göre difüzyon denkleminin nümerik olarak çözülmesiyle hesaplamaktadır. Euler modellerde koordinat sistemi sabittir. Bu modeller genellikle hava durumu tahminlerinde kullanılmaktadırlar. MM5 (Mesoscale Model - Orta Ölçekli Meteorolojik Model) ve WRF (Weather Research and Forecasting - Hava Durumu Araştırmaları ve Tahmin) meteorolojik modelleri Euler hava durumu modellerine örnek olarak verilebilir. CMAQ (Community Multiscale Air Quality Modeling System - Topluluk Çokölçekli Hava Kalitesi Modelleme Sistemi) modeli ise oldukça yaygın olarak kullanılan bir Euler hava kalitesi modelidir (Zanetti, 1990; Fraile ve diğ., 2006; Demirarslan ve diğ, 2008; Tayanç, 2013).

Hüzmeyi küçük elementlere böldüğü için kutu modeline benzeyen Lagrange model yaklaşımında, akışkan parçacıklarının yolları zamanın fonksiyonu olarak açıklanmaktadır. Lagrange modellerde, Euler modellerde olduğu gibi koordinat sistemi sabit değildir (Şekil 2.2). Lagrange kutu modelleri türbülanslı karışmayı hesaba katmayıp, kimyasal kinetikler (kuru ve yaş çökelme, kimyasal reaksiyonlar) ile ilgili denklemleri parselin hareket ettiği eğri boyunca çözebilmektedir (Zanetti, 1990; İncecik, 1999; Finlayson-Pitts ve Pitts, 2000; Fraile ve diğ., 2006).

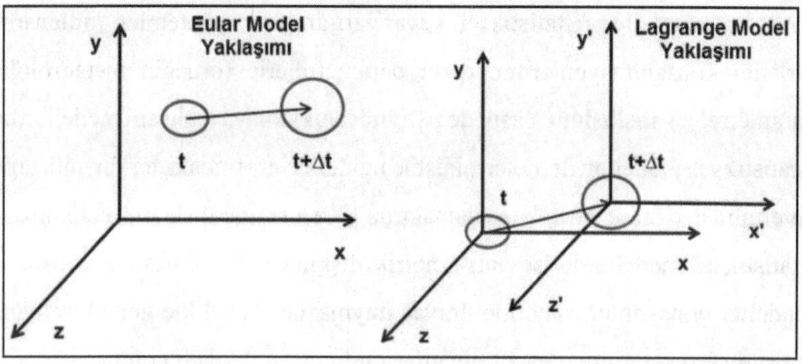

Şekil 2.2. Eular ve Lagrange model yaklaşımları (Tayanç, 2013)

Aerosollerin ve gazların atmosferde gerçekleştirdikleri reaksiyonlar kimyasal modellerin temel dayanağıdır. Ozon ve ikincil aerosollerin oluşumunu açıklayan modeller örnek olarak gösterilebilirler. Hava kirleticilerinin kimyasal dönüşümlerini hesaplayabilmesi bakımından CMAQ ve CAMx (Comprehensive Air Quality Model with Extentions - Kapsamlı Hava Kalitesi Modeli ve Uzantıları) modelleri kimyasal modellere örnek verilebilir (Tayanç, 2013).

Dispersiyon modellerinin tersi olarak da düşünebileceğimiz reseptör modelleri, konsantrasyonun tespit edildiği alıcının bulunduğu noktadan başlayarak bu konsantrasyonun oluşmasına etki eden kirletici kaynakları bulmak için kullanılır. Reseptör noktasında toplanan verilerin istatistiksel değerlendirilmesi ile farklı kirletici kaynakların reseptör noktasındaki konsantrasyona etkisini belirlemek mümkündür. Reseptör modellerinde yapılması gereken ilk işlem, gazların ve partiküllerin konsantrasyonlarını ölçmektir. Mümkünse partiküllerin boyut dağılımı belirlenmelidir. Kirletici kaynaklarından salınan emisyonların fiziksel ve kimyasal özelliklerinin farklı olduğu mantığıyla reseptör noktasına hangi kaynağın ne kadar etki ettiği bulunabilir (Colls, 2002; Fraile ve diğ., 2006).

Stokastik modeller, istatistiksel veya yarı-ampirik yöntemler kullanarak kirletici konsantrasyonlarının diğer parametrelerle (örneğin meteorolojik parametreler) ilişkisinin nasıl değiştiğini açıklamaya çalışan modellerdir. İstatistiksel modeller ile deterministik modeller arasındaki en önemli fark, deterministik modellerin hesaplamalarda sebep sonuç ilişkisini kullanması, istatistiksel modellerde ise yarı-ampirik ilişkiler kullanılmasıdır. Stokastik modeller emisyon envanterine ihtiyaç duymazlar. Özellikle gerçek zamanlı emisyon envanterinin mevcut olmaması gibi durumlarda bu oldukça önemli bir avantaj olarak düşünülebilir. Stokastik modellerin bir başka avantajı da genellikle basit olmaları ve uzman olmayan kişilerce de kullanılabilmeleridir. Bu modeller, kısa vadede konsantrasyon öngörüleri için uygundur. Frekans dağılım analizi, zaman serisi analizi, regresyon analizi, yapay sinir ağları ve bulanık mantık sıklıkla kullanılan yöntemlerdir (Karaca ve Ertürk, 1998; Zanetti, 1990; İncecik, 1999; Nunnari, 2004).

Gauss modelleri, bacadan salınan hüzme konsantrasyonunun, rüzgar yönüne dik olan enine ve dikey eksende gauss dağılımı ile açıklanması prensibine dayanır. En yaygın olarak kullanılan modeller genellikle gauss modelleridir (Fraile ve diğ., 2006). Gauss modelleri, bu tez çalışmasında kullanılan model olduğu için bir sonraki bölümde oldukça detaylı bir şekilde açıklanmıştır.

Hava kalitesi modellerini ölçeklerine göre 3 gruba ayırmak mümkündür:

- Mikro ölçekli modeller (< 1 km): hava hareketleri yerel topografyaya bağlıdır. Cadde kanyon modelleri bu türe örnektir.
- Orta ölçekli modeller (10 – 100 km): hava hareketleri sinoptik ölçekte olmakla beraber, yüzey pürüzlülüğü gibi etmenlerden de etkilenmektedir.
- Makro ölçekli modeller (~1000 km): hava hareketleri alçak ve yüksek basınçlar gibi sinoptik ölçekteki atmosferik olaylardan etkilenir. Uzun mesafeli taşınım modelleri bu türe örnek olarak verilebilir (Colls, 2002).

2.1.1. Gauss Dispersiyon modeli

Dispersiyon modelleri, maddenin korunumu esasına dayanan diferansiyel denklemlerin belirli kabuller ile elde edilen analitik çözümleridir. Bir kaynaktan yayılan emisyonların rüzgar yönündeki oluşturacağı konsantrasyonların belirlenmesinden en yaygın kullanılan yöntem Gauss Dispersiyon Modelidir (Karaca ve Ertürk, 1998). Bu model, bir noktasal kaynaktan çıkan hüzmenin kararlı durumda, rüzgar yönüne dik olan eksenlerde (y ve z eksenleri) belirli bir süreç içerisinde "Normal" veya "Gauss" tipi bir dağılım gösterdiği esasına dayanmaktadır (Şekil 2.3). Rüzgarla beraber hareket eden hüzme dağılmasındaki esas etken türbülanstır. Maksimum kirletici konsantrasyonu hüzme merkez çizgisinde (x ekseninde) oluşmaktadır (Colls, 2002). Y ve z eksenlerindeki hüzme genişlemesi y yönünde hüzmenin standart sapması (σ_y) ve z yönünde hüzmenin standart sapması (σ_z) ile belirlenmektedir. Hüzmenin yer şekillerinden (binalar gibi) etkilenmesi modelde σ_y ve σ_z değerlerinde yapılan değişikliklerle tanımlanmaktadır (Holmes ve Morawska, 2006).

Gauss dispersiyon modelinin kabulleri şu şekildedir:

- Kararlı durum söz konusudur, diğer bir değişle kirletici emisyonu sabittir, zamanla değişmez.
- Rüzgar hızı sabittir, zamanla değişmez. Bu durum gerçektekinin tam tersi olduğu için bazı gelişmiş dispersiyon modelleri atmosferi katmanlara bölerek her katmanda farklı rüzgar hızı ve stabilite değeri kullanmaktadır.
- Rüzgar sadece x yönünden eser.
- Rüzgarın estiği yönde, rüzgar ile taşınım difüzyonla taşınıma göre çok daha önemlidir.
- Kütle korunumu mevcuttur, kirleticiler kimyasal reaksiyona girmezler veya herhangi bir atmosferik giderim mekanizması ile konsantrasyonları değişmez.
- Kirletici partikül madde ise çökelmeye uğramamaları için parçacık çapı 20 μm'den küçüktür. Dolayısıyla iri toz tanecikleri için modelde modifikasyon yapılmalıdır (Karaca ve Ertürk, 1998; Pierce ve diğ., 1998; Colls, 2002).

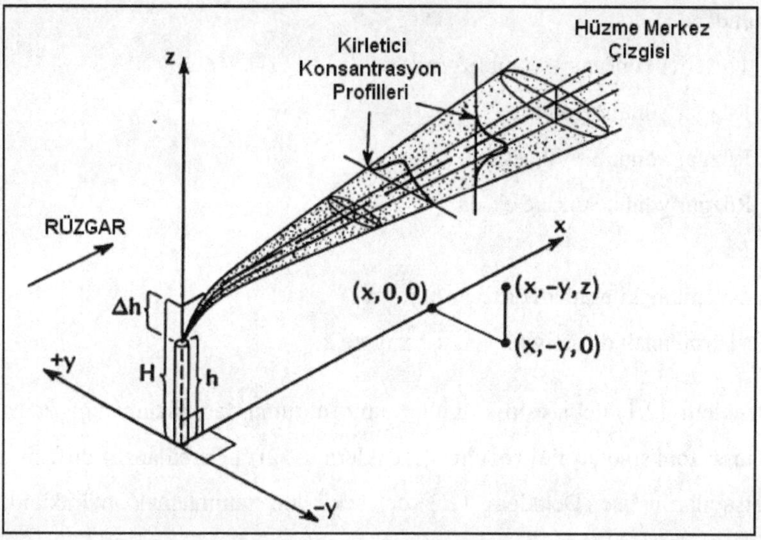

Şekil 2.3. Gauss Dispersiyon modeli (Colls, 2002)

Gauss dispersiyon modelinin en büyük dezavantajlarından birisi düşük rüzgar hızlarında ve kirletici kaynağa çok yakın olan mesafelerde (<100m.) konsantrasyonları olduğundan daha fazla tahmin etmesidir. Ayrıca bu model tüm rüzgar yönü boyunca konsantrasyonları sıfırdan farklı olarak hesapladığı için uzak mesafeler (>50km.) için kullanılmamalıdır (Holmes ve Morawska, 2006; Demirarslan ve diğ, 2008).

Gauss modelini açıklayabilmek için noktasal bir kaynaktan salınan bir kirleticinin, yoğunluğu değişmeyen havada, sabit rüzgar hızı (u) ile x ekseni boyunca hareket ettiğini düşünelim. Yataydaki (x eksenindeki) adveksiyon ile taşınmanın, dikey (z) ve enine (y) eksenlerindeki difüzyon ile dengelendiği düşünüldüğünde kütlenin korunumu denklemi yazılacak olursa Denklem (2.1) elde edilir (Cheremisinoff, 2002; Sportisse, 2010).

$$\frac{\partial C}{\partial t} + u\frac{\partial C}{\partial x} = K_x \frac{\partial^2 C}{\partial x^2} + K_y \frac{\partial^2 C}{\partial y^2} + K_z \frac{\partial^2 C}{\partial z^2} \tag{2.1}$$

Burada;

C: Kirletici konsantrasyonu ($\mu g/m^3$)

x: Rüzgar yönündeki eksen

y: Rüzgar yönüne enine eksen

z: Rüzgar yönüne dikine eksen

t: Zaman

u: x-yönündeki ortalama rüzgar hızı (m/s)

K_i: Türbülanslı diffüsivite (i: x, y ve z)

Denklem (2.1)'deki eşitlik hiçbir sınır durumu tanımlanmadığı zaman Gauss fonksiyonu ile çözülür (Denklem (2.2)). Türbülanslı diffüsivite katsayılarını ise Denklem (2.3)'de şekli ile tanımlamak mümkündür (Cheremisinoff, 2002; Sportisse, 2010).

$$C(x, y, z, H)= \frac{Q}{(2\pi t)^{3/2}\sqrt{K_x+K_y+K_z}} \exp\left[\frac{-(x-ut)^2}{4K_x t} - \frac{y^2}{4K_y t} - \frac{z^2}{4K_z t}\right] \quad (2.2)$$

$$K_i = u\frac{\sigma_i^2}{2x} \quad \text{(i: x, y, z)} \quad (2.3)$$

Denklem (2.1)'de, x eksini yönünde adveksiyon ile taşınım dispersiyon ile taşınıma göre çok daha etkili olacağından (Denklem (2.4)) x ekseni yönündeki dispersiyon ile taşınım terimi ihmal edilebilir (Zanetti, 1990).

$$\left|u\frac{\partial C}{\partial x}\right| \gg \left|K_x\frac{\partial^2 C}{\partial x^2}\right| \quad (2.4)$$

Rüzgar yönündeki dispersiyon terimi Denklem (2.1)'den çıkarıldıktan sonra, sürekli olarak (zamana göre sürekli) sabit bir emisyon (Q) salan ve koordinatları belirli (0, 0, H) bir kirletici kaynağından salınan kirleticinin konsantrasyonunu hesaplamak için kullanılacak olan Gauss eşitliği

Denklem (2.5)'de verilmiştir (Colls, 2002). Denklemdeki "H" etkin baca yüksekliğini ifade etmektedir. Bu denklem yer yüzeyinden yansımanın olmadığı durumlar için geçerlidir. Yer yüzeyinden yansımanın olduğu durumlarda (Şekil 2.4) ise Denklem (2.5)'e sanal bir kaynağın (z+H) eklenmesi gerekmektedir ve eşitlik Denklem (2.6)'daki hale dönüşür (Pierce ve diğ., 1998; İncecik, 1999).

$$C(x, y, z, H)= \frac{Q}{2\pi u\sigma_y\sigma_z}\exp\left[\frac{-y^2}{2\sigma_y^2}\right]\left\{\exp\left[\frac{-(z-H)^2}{2\sigma_z^2}\right]\right\} \qquad (2.5)$$

$$C(x, y, z, H)= \frac{Q}{2\pi u\sigma_y\sigma_z}\exp\left[\frac{-y^2}{2\sigma_y^2}\right]\left\{\exp\left[\frac{-(z-H)^2}{2\sigma_z^2}\right]+\exp\left[\frac{-(z+H)^2}{2\sigma_z^2}\right]\right\} \qquad (2.6)$$

Burada,

C: Kirletici konsantrasyonu ($\mu g/m^3$)

u: x-yönündeki ortalama rüzgar hızı (m/s)

Q: Kirletici emisyonu ($\mu g/s$)

σ_y: y yönünde hüzmenin standart sapması (m)

σ_z: z yönünde hüzmenin standart sapması (m)

H: Etkin baca yüksekliği (m)

Herhangi bir kaynaktan atmosfere salınan hüzme, bazı durumlarda yer yüzeyinden yansımaya ek olarak inversiyon katmanından da yansıyabilmektedir. İnversiyon katmanı hüzmenin karşısında bir bariyer olarak duracağı için yukarı yönlü dispersiyon gerçekleşemeyecektir. En kötü kirlilik episodlarında görülen bu durumda, Gauss Denklemine yeni yansıma terimlerinin eklenilmesi gerekmektedir. Denklem (2.5)'e, Şekil 2.5'de görülen sanal kaynaklar (A, B, C ve D) sırasıyla eklendiğinde Gauss eşitliği Denklem (2.7)'deki halini alacaktır. Denklem (2.7)'deki H_{bl} terimi inversiyon katmanının yüksekliğini (m) belirtmektedir (Colls, 2002).

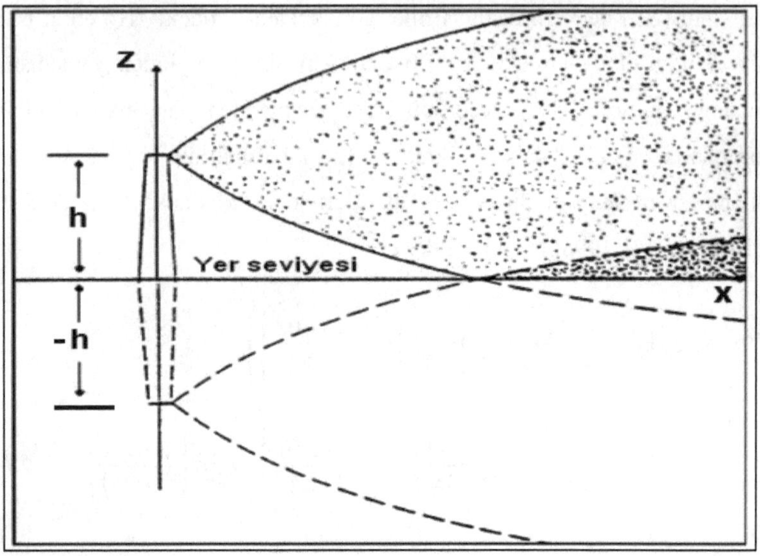

Şekil 2.4. Yer yüzeyinden yansımanın olduğu durumda sanal kaynak (Griffin, 2007)

$$C(x, y, z, H)=$$

$$\frac{Q}{2\pi u\sigma_y\sigma_z}\exp\left[\frac{-y^2}{2\sigma_y^2}\right]\left\{\begin{array}{c}\exp\left[\frac{-(z-H)^2}{2\sigma_z^2}\right]+\exp\left[\frac{-(z+H)^2}{2\sigma_z^2}\right]+\exp\left[\frac{-(z-2H_{b1}+H)^2}{2\sigma_z^2}\right]\\ +\exp\left[\frac{-(z+2H_{b1}-H)^2}{2\sigma_z^2}\right]+\exp\left[\frac{-(z-2H_{b1}-H)^2}{2\sigma_z^2}\right]\end{array}\right\}\tag{2.7}$$

Bacadan atmosfere salınan gazlar bazı faktörlerin etkisiyle etkin baca yüksekliği (H) olarak adlandırılan mesafeye kadar yükselmeye devam ederler. Bazı kaynaklarda efektif baca yüksekliği olarak da adlandırılan bu mesafe, baca boyu (h) ile hüzme yükselmesinin (ΔH) toplamına eşittir (Denklem (2.8)) (İncecik, 1999).

$$H = h + \Delta H \tag{2.8}$$

Burada;

H: Etkin baca yüksekliği (m)

h: Baca boyu (m)

ΔH: Hüzme yükselmesi (m)

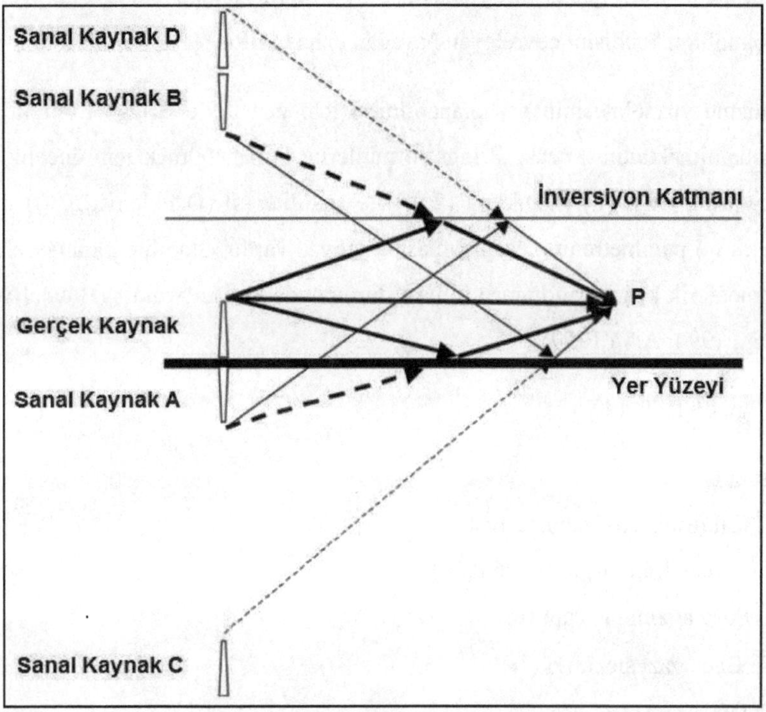

Şekil 2.5. Yer yüzeyinden ve inversiyon katmanından yansımanın olduğu durumda sanal kaynaklar (Colls, 2002)

Hüzme yükselmesini (ΔH) etkileyen faktörler ise şu şeklide listelenebilir:

- Bacanın geometrik özellikleri
- Meteorolojik parametreler
- Baca gazının fiziksel ve kimyasal özellikleri

- Momentum: Baca gazının kendi hızından (Vs) dolayı meydana gelen dikey yöndeki hüzme yükselmesi.
- Kaldırma kuvveti (Buoyancy): Termal kaldırma olarak da bilinen bu durumda, baca gazı sıcaklığı (Ts) ile atmosfer sıcaklığı (Ta) arasındaki farkından ileri gelen bir yükselme oluşacaktır, çünkü sıcak olan gazı yoğunluğu kendisini çevreleyen havadan daha hafiftir.

Hüzme yükselmesinin hesaplanabilmesi için genellikle Briggs formülleri kullanılmaktadır. Ancak, Briggs formüllerini kullanabilmek için öncelikle kaldırma akısı (F) (Denklem (2.9)) ile stabilite (s) (Denklem (2.10)) ile ilgili iki parametrenin hesaplanmasına ihtiyaç vardır. Stabilite parametresi, atmosferik koşulların kararlı olması durumunda kullanılacaktır (Boubel ve diğ., 1994; Arya 1999).

$$F=gv_sd^2(T_s-T)/(4T_s) \tag{2.9}$$

Burada;

F: Kaldırma akısı parametresi (m^4/s^3)

g: Yerçekimi ivmesi (9,806 m/s^2)

d: Baca ağzının iç çapı (m)

T_s: Baca gazı sıcaklığı (°K)

T: Dış ortam sıcaklığı (°K)

$$s=g(\Delta\theta/\Delta z)/T \tag{2.10}$$

Burada;

s: Stabilite parametresi

g: Yerçekimi ivmesi (9,806 m/s^2)

$\Delta\theta/\Delta z$: Sıcaklığı yükseklik ile değişimi

T: Dış ortam sıcaklığı (°K)

Kararsız veya nötr koşullarda, kaldırma kuvveti etkisiyle yükselen hüzmenin yüksekliği, kaldırma akısı parametresi 55'den küçükse Denklem (2.11) ile kaldırma akısı parametresinin değeri 55 veya daha fazla ise Denklem (2.12) ile hesaplanır (Boubel ve diğ., 1994).

$$H=h+21,425F^{3/4}/u \qquad (F < 55) \qquad (2.11)$$

$$H=h+38,71F^{3/5}/u \qquad (F \geq 55) \qquad (2.12)$$

Burada;

H: Etkin baca yüksekliği (m)

h: Baca yüksekliği (m)

F: Kaldırma akısı parametresi (m^4/s^3)

u: Rüzgar hızı (m/s)

Karalı koşullardaki, kaldırma kuvveti etkisiyle yükselen hüzmenin yüksekliği ise Denklem (2.13) yardımıyla hesaplanır (Boubel ve diğ., 1994).

$$H=h+2,6\left[\frac{F}{us}\right]^{1/3} \qquad (2.13)$$

Burada;

H: Etkin baca yüksekliği (m)

h: Baca yüksekliği (m)

F: Kaldırma akısı parametresi (m^4/s^3)

u: Rüzgar hızı (m/s)

s: Stabilite parametresi

Hüzmenin momentum etkisi ile yükseldiği koşullar için, kararsız ve nötr atmosferik koşullarda etkin baca yüksekliğini hesaplamak için Denklem

(2.14); kararlı atmosferik koşullardaki etkin baca yüksekliğini hesaplamak için de Denklem (2.15) kullanılır. (Boubel ve diğ., 1994; Weblakes, 2013).

$$H=h+3d\frac{V_s}{u} \qquad (2.14)$$

$$H=h+1,5\left[\frac{F}{u\sqrt{s}}\right]^{1/3} \qquad (2.15)$$

Burada;

H: Etkin baca yüksekliği (m)

h: Baca yüksekliği (m)

F: Kaldırma akısı parametresi (m^4/s^3)

u: Rüzgar hızı (m/s)

s: Stabilite parametresi

EPA tarafından geliştirilen modellerde hüzme yükselmesi ve etkin baca yüksekliği hesapları Briggs formülleri ile yapılmaktadır. Ancak, bu formüllerin kullanımı oldukça fazla işlem gerektirmektedir. Hüzme yükselmesini daha kolay hesaplayabilmek için kullanılacak bir başka formül ise Holland formülüdür (Denklem (2.16)). Holland formülü sadece nötr atmosferik şartlar için kullanılmalıdır. Hesaplanan hüzme yükselmesi değeri, A ve B sınıfı stabilite için 1,1 ve 1,2; E ve F sınıfı stabilite için de 0,8 ve 0,9 düzeltme katsayıları ile çarpılmalıdır (de Nevers, 1995).

$$\Delta h=\frac{V_s d}{u}\left(1,5+2,68x10^{-3}Pd\frac{(T_s-T)}{T_s}\right) \qquad (2.16)$$

Burada;

Δh: Hüzme yükselmesi (m)

Vs: Baca gazı çıkış hızı (m/s)

d: Baca ağzının iç çapı (m)

u: Rüzgar hızı (m/s)

P: Basınç (mbar)

T_s: Baca gazı sıcaklığı (°K)

T: Dış ortam sıcaklığı (°K)

Gauss dispersiyon modelindeki σ_y ve σ_z değerleri stabilite sınıfına göre değişmektedir. Stabilite sınıfları atmosferin kararlı veya kararsız olmasına göre "A"dan "F"ye toplam 6 sınıfa ayrılmıştır. A sınıfı stabilite en kararsız durumu ifade ederken, B orta kararsız, C hafif kararsız, D nötr, E hafif kararlı ve F sınıfı stabilite de en kararlı durumu ifade etmektedir (Yassin ve Al-Awadhi, 2011). A, B ve C sınıfı stabilite de süper adiyabatik; E ve F sınıfı stabilite de sub adiyabatik durum söz konusudur. Çok aşırı inversiyon olaylarını belirtmek için de 7. bir sınıf olan "G" sınıfı stabilite kullanılmaktadır. Stabilite sınıfı güneş radyasyonu, yüzeydeki rüzgar hızı ve bulutluluk oranına bağlı olarak Tablo 2.1 yardımıyla belirlenir (Pierce ve diğ., 1998).

Tablo 2.1. Atmosferik stabilite sınıfları (Pierce ve diğ., 1998)

Rüzgar Hızı (m/sn) (10 m yüksekte)	GÜNDÜZ			GECE	
	Açık	Yarı Açık	Kapalı	Açık	Kapalı
< 2	A	A – B	B	--	--
2 – 3	A – B	B	C	E	F
3 – 5	B	B – C	C	D	E
5 – 6	C	C – D	D	D	--
> 6	C	D	D	D	D

Stabilite sınıfının bilinmesinden sonra σ_y ve σ_z değerleri Turner Abakları (Şekil 2.6) yardımıyla veya diğer ampirik formüller ile bulunabilir.

σ_y ve σ_z değerlerinin hesaplanabilmesi için Pasquill-Gifford sigma formülleri, Brookhaven sigma formülleri veya McElroy-Pooler sigma formülleri adı ile de bilinen Briggs sigma formülleri kullanılabilir. Ancak, Amerikan Çevre Koruma Örgütü kentsel alanlardaki dispersiyon simülasyonlarında Briggs sigma formüllerinin kullanımının en uygun yöntem olacağını belirtmiştir (Zanetti, 1990). Tablo 2.2'de kentsel bölgelerdeki, Tablo 2.3'te de kırsal bölgelerdeki σ_y ve σ_z değerlerini hesaplamak için Briggs sigma formülleri verilmiştir. Bu formüller 100 m. – 10000 m. arası mesafeler için geçerlidir. Formüllerdeki "x" rüzgar yönündeki mesafeyi (m olarak) belirtmektedir (Boubel ve diğ., 1994; Colls, 2002).

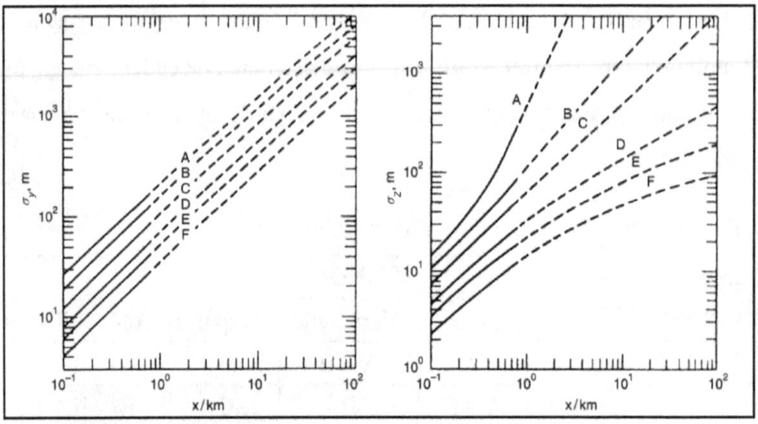

Şekil 2.6. Turner abakları (Boubel ve diğ., 1994)

Tablo 2.2. Kentsel bölgeler için σ_y ve σ_z formülleri

Stabilite Sınıfları	σ_y (m)	σ_z (m)
A – B	$0{,}32x \times (1 + 0{,}0004x)^{-0.5}$	$0{,}24x \times (1 + 0{,}001x)^{0.5}$
C	$0{,}22x \times (1 + 0{,}0004x)^{-0.5}$	$0{,}20x$
D	$0{,}16x \times (1 + 0{,}0004x)^{-0.5}$	$0{,}14x \times (1 + 0{,}0003x)^{-0.5}$
E – F	$0{,}11x \times (1 + 0{,}0004x)^{-0.5}$	$0{,}08x \times (1 + 0{,}0015x)^{-0.5}$

Tablo 2.3. Kırsal bölgeler için σ_y ve σ_z formülleri

Stabilite Sınıfları	σ_y (m)	σ_z (m)
A	$0{,}22x \times (1 + 0{,}0001x)^{-0{,}5}$	$0{,}20x$
B	$0{,}16x \times (1 + 0{,}0001x)^{-0{,}5}$	$0{,}12x$

Tablo 2.3. (Devam) Kırsal bölgeler için σ_y ve σ_z formülleri

C	$0{,}11x \times (1 + 0{,}0001x)^{-0{,}5}$	$0{,}08x \times (1 + 0{,}0002x)^{-0{,}5}$
D	$0{,}08x \times (1 + 0{,}0001x)^{-0{,}5}$	$0{,}06x \times (1 + 0{,}0015x)^{-0{,}5}$
E	$0{,}06x \times (1 + 0{,}0001x)^{-0{,}5}$	$0{,}03x \times (1 + 0{,}0003x)^{-1}$
F	$0{,}04x \times (1 + 0{,}0001x)^{-0{,}5}$	$0{,}016x \times (1 + 0{,}0003x)^{-1}$

Gauss dispersiyon modeli ile konsantrasyonların hesaplanabilmesi için ihtiyaç duyulan bir başka parametre ise rüzgar hızıdır. Meteorolojik ölçümler yapılırken rüzgar hızı anemometre yüksekliğinde ölçüldüğü için farklı yüksekliklerdeki rüzgar hızlarının hesaplanmasında Denklem (2.17)'ye ihtiyaç duyulur.

$$u_z = u_0 \left(\frac{z}{z_0}\right)^P \tag{2.17}$$

Burada,

u_z: z yüksekliğindeki rüzgar hızı (m/s)

u_0: Anemometre yüksekliğindeki rüzgar hızı (m/s)

z: Yükseklik (m)

z_0: Anemometre yüksekliği (m)

p: Parametre (pürüzlülük ve stabiliteye bağlı) (p değeri Tablo 2.4'den seçilir.)

Tablo 2.4. Pürüzlülük ve stabiliteye bağlı p parametresi (Colls, 2002)

Pasquill Stabilite Sınıfı	p (Engebeli Arazi)	p (Düz Arazi)
A (en kararsız)	0,15	0,07
B	0,15	0,07
C	0,20	0,10
D	0,25	0,15
E	0,40	0,35
F (en kararlı)	0,60	0,55

2.1.2. Gauss Puff modeli

Puff modelleri, belirli zaman dilimlerinde kesikli olarak salınan kirletici emisyonlarının taşınım ve dispersiyonlarını matematiksel olarak modellemek için kullanılırlar. Gauss puff modeli, Gauss dispersiyon modelinin başarısız olduğu düşük rüzgar hızları ve birikimin olması gibi durumlarda kirletici konsantrasyonlarını başarı ile hesaplayabilmektedir. Puff'un boyutları, puff'un seyahat süresinin fonksiyonu olan dispersiyon parametreleri ile belirlenir (Weber, 1982). Puff, Δt zaman aralıklarında kaynaktan salındıktan sonra rüzgar yönünde ilerlerken seyrelmeye uğrar (Şekil 2.7). Her bir puff'un Δt zaman aralıklarındaki toplam N defada salındığı düşünülürse oluşacak konsantrasyon her bir puff'un toplamı olacaktır (Denklem (2.18)). Herhangi bir yöndeki (x, y veya z) zamana bağlı puff'un merkezi ise Denklem (2.19) ile bulunur (Sportisse, 2010).

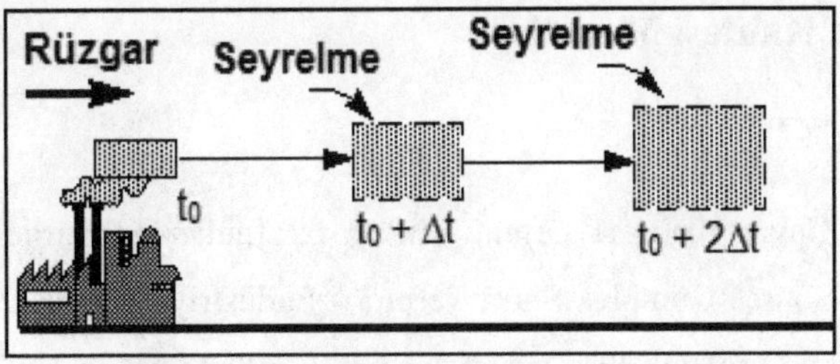

Şekil 2.7. Hüzmenin Puff modeliyle seyrelmesi (Jacob, 1999)

$$C(x, y, z, t)= \frac{1}{(2\pi)^{3/2}} \sum_{i=1}^{N} \frac{S_i \Delta t}{\sigma_x \sigma_y \sigma_z} \exp\left[-\frac{\left(x-x_i(t)\right)^2}{2\sigma_z^2} - \frac{\left(y-y_i(t)\right)^2}{2\sigma_y^2}\right] x \left[\exp\left(-\frac{\left(z-z_i(t)-h\right)^2}{2\sigma_z^2}\right) + \exp\left(-\frac{\left(z-z_i(t)+h\right)^2}{2\sigma_z^2}\right)\right] \quad (2.18)$$

$$x(t)=x_i\left(t-\Delta t\right)+u\left[x_i\left(t-\Delta t\right), t-\Delta t\right]\Delta t \quad (2.19)$$

Denklemlerde;

C: Kirletici konsantrasyonu ($\mu g/m^3$)

$S_i\Delta t$: t_i zamanındaki kirletici emisyonu ($\mu g/s$)

σ_x: x yönünde hüzmenin standart sapması (m)

σ_y: y yönünde hüzmenin standart sapması (m)

σ_z: z yönünde hüzmenin standart sapması (m)

h: Yükseklik (m)

$x_i(t)$: Puff'un t anındaki x yönündeki merkezi (m)

u(x,t): Rüzgarın x yönündeki bileşeni (m/s)

2.2. Hava Kalitesi Modelleri

2.2.1. ISCST3

Amerikan Çevre Koruma Örgütü (EPA) tarafından geliştirilen ISCST3 (Industrial Source Complex Short Term 3 - Endüstriyel Kaynak Kompleks Kısa Mesafe 3) modeli kısa mesafeler için (<50km) kullanılan kararlı hal gauss dispersiyon modelidir. ISCST3 Briggs'in hüzme yükselmesi, Pasquill-Gifford dispersiyon katsayıları ve hüzmenin bina etkisiyle giderimi gibi hesapları yapabilmektedir (Bandyopadhyay, 2009). 9 Aralık 2006 tarihinden itibaren EPA, ISCST3 modeli yerine AERMOD (AMS/EPA Regulatory Model - Amerikan Meteoroloji Derneği / Amerikan Çevre Koruma Örgütü Düzenleyici Modeli) modelinin kullanımını önermektedir. ISCST3 modelinin konsantrasyonları hesaplamak için kullanmış olduğu genel formül Denklem (2.20)'de verilmiştir (EPA, 1995).

$$C=\frac{QKVD}{2\pi u_s \sigma_y \sigma_z}\exp\left[-0,5\left(\frac{y}{\sigma_y}\right)^2\right] \qquad (2.20)$$

Burada,

C: Konsantrasyon ($\mu g/m^3$)

Q: Emisyon oranı (g/s)

K: Birim çevirme katsayısı (Q g/s ise C'nin $\mu g/m^3$ olması için 1×10^6 alınır)

V: Dikey terim

D: Çürüme terimi

u_s: Kirleticinin salındığı yükseklikteki ortalama rüzgar hızı (m/s)

σ_y: y yönünde (yataydaki) hüzmenin standart sapması (m)

σ_z: z yönünde (dikeydeki) hüzmenin standart sapması (m)

2.2.2. AERMOD

AERMOD (AMS/EPA Regulatory Model - Amerikan Meteoroloji Derneği / Amerikan Çevre Koruma Örgütü Düzenleyici Modeli), Amerikan Meteoroloji Derneği ve Amerikan Çevre Koruma Örgütü (EPA) tarafından geliştirilmiş bir gauss dispersiyon modelidir ve EPA tarafından çevre izinleri çalışmalarında önerilmektedir. Doğrusal, kararlı hal (steady state) hüzme modeli olan AERMOD çok sayıda noktasal, hacimsel ve alansal kaynakları düz ve engebeli arazide modelleyebilmektedir. Çizgisel kaynakların emisyonları ise bir dizi hacimsel veya uzatılmış alansal kaynak olarak modele eklenebilir (Holmes ve Morawska, 2006; Demirarslan ve diğ, 2008). AERMOD kirletici konsantrasyonlarını 50 km'ye kadar olan mesafelerde hesaplayabilmektedir. Kararlı sınır katmanında dikey ve yataydaki konsantrasyon dağılımları gauss tipi olup konvektiv sınır katmanında ise yatay dağılımlar bi-gauss olasılık dağılım fonksiyonu ile hesaplanmaktadır (Bhaskar ve diğ., 2008; Yassin ve Al-Awadhi, 2011).

AERMOD meteorolojik verileri işlemek için AERMET adındaki meteorolojik önişlemciyi kullanır. Saatlik meteorolojik veriler (rüzgar hızı ve yönü, sıcaklık, basınç ve bulutluluk oranı) ve yüzey özelliklerini kullanan AERMET önişlemcisi sürtünme hızı, Monin-Ubukhov uzunluğu, konvektiv hız ölçeği, sıcaklık ölçeği, karışım yüksekliği ve yüzey ısı akısı gibi gezegen sınır katmanını parametrelerini hesaplar. Her bir alıcı noktasındaki arazi yükseklikleri ise topografya önişlemcisi olan AERMAP yardımıyla hesaplanmaktadır (Bhaskar ve diğ., 2008; Kakosimos ve diğ., 2011).

AERMOD modelinin, engebeli bir arazide için stabil ve konvektif durumlarda konsantrasyon hesabı için kullandığı formül Denklem (2.21)'de gösterilmiştir. Toplam konsantrasyon hüzmenin yataydaki konsantrasyon terimi ile araziden yansıyan hüzmenin konsantrasyon terimlerinin ağırlıklı toplamına eşittir (Şekil 2.8) (Cimorelli ve diğ., 2004; Jeong, 2011).

$$C_T\left\{x_r, y_r, z_r,\right\} = fxC_{c,s}\left\{x_r, y_r, z_r,\right\} + (1-f)\left\{x_r, y_r, z_p,\right\} \quad (2.21)$$

Formülde;

$C_T\{x_r,y_r,z_r\}$: Toplam konsantrasyon ($\mu g/m^3$)

$C_{c,s}\{x_r,y_r,z_r\}$: Yatay hüzmeden kaynaklanan konsantrasyon ($\mu g/m^3$)

$C_{c,s}\{x_r,y_r,z_p\}$: Araziden yansımadan kaynaklanan konsantrasyon ($\mu g/m^3$)

f: Hüzme ağırlık fonksiyonu

z_r: Hüzme merkez çizgisi yüksekliği (m)

z_t: Reseptör noktasındaki arazinin yüksekliği (m)

z_p: Reseptörün yüksekliği (m) dir.

Denklem (2.21)'deki alt indisler "c" ve "s" konvektif ve stabil koşulları belirtmektedir. Reseptör noktasının yüksekliği, hüzme merkez çizgisinin yüksekliği ile reseptör noktasındaki arazinin yükseklik farkına eşittir (Denklem (2.22)). Düz arazide ise arazi yüksekliği (z_t) sıfır olacağından konsantrasyon sadece yataydaki hüzmeden kaynaklanacaktır (Jeong, 2011).

$$z_p = z_r - z_t \quad (2.22)$$

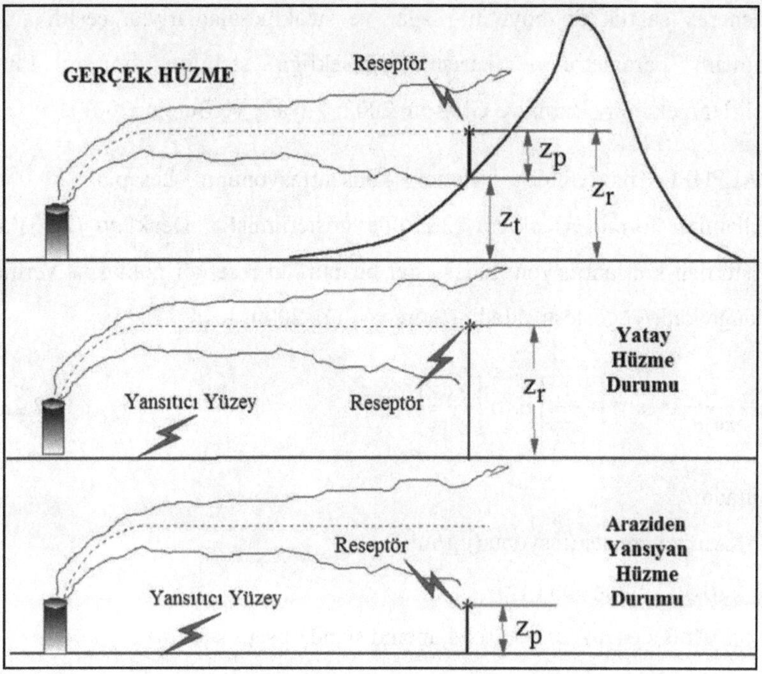

Şekil 2.8. AERMOD modelinde kullanılan yükseklikler (Cimorelli ve diğ., 2004)

2.2.3. CALPUFF

CALPUFF (CALifornia PUFF - Kaliforniya Puff) çok katmanlı, kararlı olmayan durum lagrange gauss puff modelidir. Konum ve zamanla değişen meteorolojik koşullarda gaz ve partikülleri modelleyebilir. Noktasal, çizgisel, hacimsel ve alansal kaynakları modelleyebilen CALPUFF kısmi penetrasyonu, kaldırma kuvvetiyle veya momentumla hüzme yükselmesini, baca etkilerini, bina etkilerini, yaş ve kuru çökelmeyi hesaplayabilmektedir. Kimyasal dönüşümler MESOPUFF (Mesoscale Puff Modeli) metodu ile hesaplanmaktadır (Holmes ve Morawska, 2006; Abdul-Wahab ve diğ., 2011). Meteorolojik veriler CALMET diagnostic meteorolojik modeli ile işlenerek saatlik üç boyutlu rüzgar ve sıcaklık alanlarıyla, çeşitli sınır katmanı parametreleri (karışım yüksekliği, stabilite sınıfları gibi) belirlenmektedir (Barna ve Gimson, 2002; Tayanç ve Berçin, 2007).

CALPUFF modelinde kirletici konsantrasyonunu hesaplamak için kullanılan formül Denklem (2.23)'de gösterilmiştir. Denklem (2.23)'de gösterilen konsantrasyon ifadesi, her bir puff'un reseptör noktasına vermiş olduğu katkıyı göstermektedir (Scire ve diğ., 2000; Jeong, 2011).

$$C=\frac{Q}{\pi\sigma_y\sigma_z} g \exp\left[-\frac{d_a^2}{2\sigma_x^2}\right]\exp\left[-\frac{d_c^2}{2\sigma_y^2}\right] \qquad (2.23)$$

Burada;

C: Kirletici konsantrasyonu ($\mu g/m^3$)

Q: Kirletici emisyonu (μg)

σ_x: x yönünde (rüzgar yönü) hüzmenin standart sapması (m)

σ_y: y yönünde (yataydaki) hüzmenin standart sapması (m)

σ_z: z yönünde (dikeydeki) hüzmenin standart sapması (m)

d_a: Puff merkezinin rüzgar yönünde reseptöre uzaklığı (m)

d_c: Puff merkezinin rüzgar dik yönde reseptöre uzaklığı (m)

g: Dikey terim (m^{-1}) dir.

Denklem (2.23)'deki dikey terim (g) Denklem (2.24) yardımı ile hesaplanır.

$$g=\frac{2}{\sqrt{2\pi}\sigma_z}\sum_{n=-\infty}^{\infty} \exp\left[\frac{(H_e+2nh)^2}{2\sigma_z^2}\right] \qquad (2.24)$$

Formülde;

H_e: Puff merkezinin yer seviyesinden etkin yüksekliği (m)

h: Karışım yüksekliği (m)

n: Puff sayısıdır.

2.3. Alansal ve Çizgisel Kaynakların Modellenmesi

Gauss dispersiyon modeli noktasal bir kaynaktan atmosfere salınan kirleticilerin dağılımı için geliştirilmiş bir modeldir. Alansal kaynakların emisyonlarının modellenebilmesi için bu kaynaklar gauss modeline sanal noktasal kaynak olarak girilmelidir. Bu nedenle, alansal kaynak emisyonlarının salınma zamanından belirli bir süre önce, -x yönünde (rüzgarın esme yönünün ters istikametinde) bulunan sanal bir noktasal kaynaktan atmosfere verildiği kabul edilmektedir. Şekil 2.9'da alansal kaynağın sanal noktasal kaynak olarak gösterimi verilmiştir (Griffin, 2007). AERMOD View ve CALPUFF View yazılımları alansal kaynakları modelleyebilmektedirler. Ancak, bu yazılımlar çizgisel kaynakları modellenmesini gerçekleştiremedikleri için çizgisel kaynakları, birbirini takip eden alansal kaynaklara dönüştürerek modelleme işlemini yapabilmektedirler.

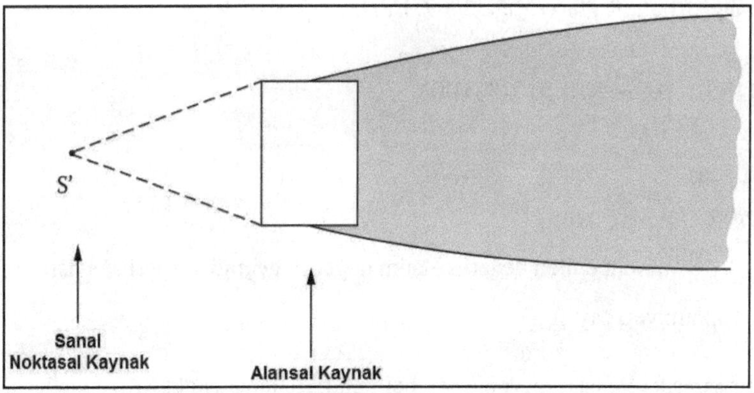

Şekil 2.9. Alansal kaynağın sanal noktasal kaynak olarak gösterilmesi

2.4. Model Performansının Belirlenmesi

Çevresel modellemelerde, model performansının belirlenmesi son yıllarda oldukça popüler bir konu haline gelmiş ve bu amaçla oldukça değişik yöntemler geliştirilmiştir. Model performansının sorgulanması için kullanılan en basit metotlardan biri Kantil-kantil (Q-Q) grafikleridir. Q-Q grafiklerinde, ölçülen değerler "x" ekseninde ve model ile tahmin edilen değerler de "y" ekseninde yer alacak şekilde bir x-y dağılım grafiği oluşturulur. Bu noktalar kullanılarak çizilen en iyi çizgini y=x doğrusunun altında kalması modelin gerçekteki verileri daha düşük oranda tahmin ettiğini (under-estimate), çizginin y=x doğrusunun üzerinde yer alması ise modelin verileri daha yüksek oranda tahmin ettiğini (over-estimate) gösterir. En iyi performans gösteren modeller için de grafikteki noktalar y=x doğrusu üzerinde veya çok yakınındadır. Modelin az veya fazla tahmin etme miktarının belirlenebilmesi için "taşma faktörü" (factor of exceedance - FOEX) değeri hesaplanır (Denklem (2.25)). FOEX değeri -%50 ile +%50 arasında değişmekte olup en iyi model %0 FOEX değerine sahiptir (Sokhi ve diğ., 2006; Righi ve diğ., 2009; EPA, 2012).

$$\mathrm{FOEX}=\left[\frac{n_{(P_i>O_i)}}{n}-0{,}5\right]x(\%100) \qquad (2.25)$$

Burada;

FOEX: Taşma faktörü

$n_{(P_i>O_i)}$: Tahmin edilen değerin ölçüm değerini geçtiği verilerin sayısı

n: Toplam veri sayısı

Atmosferik konsantrasyonların belirlendiği hava kalitesi modellerinin performansları belirleyebilmek için de "Kalan" (residual) miktarının hesaplanması gerekmektedir. "Kalan" değeri, sahada ölçülen kirleticinin konsantrasyon ile model tarafından tahmin edilen konsantrasyon arasındaki fark olarak tanımlanır (Denklem (2.26)) (Boubel ve diğ., 1994).

$$d = O - P \qquad (2.26)$$

Formülde;

d: Kalan

O: Ölçülen değer (observed)

P: Tahmin edilen değer (predicted)

Farklı zamanlar için hesaplanan kalan değerlerinin ortalamaları alındığında "Ortalama Hata" (mean error - ME) belirlenmiş olur (Denklem (2.27)) (Boubel ve diğ., 1994).

$$ME=\bar{d}=\frac{1}{n}\sum_{i=1}^{n}(O_i-P_i) \qquad (2.27)$$

Burada;

ME: Ortalama hata

n: Veri sayısı

Bazı kaynaklarda "Yanlılık" (bias) olarak da belirtilen ortalama hata, en basit ifadeyle modelin konsantrasyonları az veya fazla olarak tahmin ettiğinin göstergesidir. $(-\infty, +\infty)$ aralığında olabilen ortalama hata için ideal değer 0'dır. Ancak, pozitif ve negatif değerler birbirlerini götürebileceği için 0 değeri her zaman en az hatayı ifade etmeyebilir (Bennett ve diğ., 2013). Dolayısıyla, daha farklı istatistiksel parametrelerin türetilmesine ihtiyaç duyulmuştur. Ortalama Mutlak Hata (mean absolute error - MAE) (Denklem (2.28)), Ortalama Hatanın Karesi (mean square error - MSE) (Denklem 2.29), Hata Kareleri Ortalamasının Karekökü (root mean square error - RMSE) (Denklem (2.30)), Normalleştirilmiş Ortalama Hatanın

Karesi (normalized mean square error - NMSE) (Denklem (2.31)), Kesirli Sapma (fractional bias - FB) (Denklem (2.32)), Korelasyon Katsayısı (correlation coefficient - r) (Denklem (2.33)) ve Uyum İndeksi (index of agreement - IA) (Denklem (2.34)) gibi parametreler model performansının sorgulanması amacıyla sıklıkla kullanılmaktadır (Borrego ve diğ., 2008; Paschalidou ve Kassomenos, 2009; Behera ve diğ., 2011; Bennett ve diğ., 2013).

$$MAE=\frac{1}{n}\sum_{i=1}^{n}\left|O_i-P_i\right| \qquad (2.28)$$

$$MSE=\frac{1}{n}\sum_{i=1}^{n}\left(O_i-P_i\right)^2 \qquad (2.29)$$

$$RMSE=\sqrt{\frac{1}{n}\sum_{i=1}^{n}\left(O_i-P_i\right)^2} \qquad (2.30)$$

$$NMSE=\frac{\frac{1}{n}\sum_{i=1}^{n}\left(O_i-P_i\right)^2}{\bar{O}x\bar{P}} \qquad (2.31)$$

$$FB=\frac{(\bar{O}-\bar{P})}{0{,}5x(\bar{O}+\bar{P})} \qquad (2.32)$$

$$r=\frac{\frac{1}{n}\sum_{i=1}^{n}(O_i-\bar{O})(P_i-\bar{P})}{\sigma_O x \sigma_P} \qquad (2.33)$$

$$IA=1-\frac{\sum_{i=1}^{n}\left(P_i-O_i\right)^2}{\left((P_i-\bar{O})(O_i-\bar{P})\right)^2} \qquad (2.34)$$

Formüllerde;

$\bar{O}$: Ölçülen değerlerin ortalaması

$\bar{P}$: Tahmin edilen değerlerin ortalaması

σ_O : Ölçülen değerlerin standart sapması

σ_P : Tahmin edilen değerlerin standart sapmasıdır.

Ortalama hata değeri, pozitif ve negatif değerlerin birbirini götürmesi nedeniyle performans belirlemesinde uygun sonuç vermemektedir. Ortalama mutlak hata (MAE) da ise ölçülen ve tahmin edilen konsantrasyonlar arasındaki farkın mutlak değeri alındığından hatanın büyüklüğünü miktar olarak vermekte fakat yanlılığın yönü yani modelin az veya fazla tahmin etmesi hakkında herhangi bir bilgi vermemektedir (Paschalidou ve Kassomenos, 2009). Ortalama hatanın karesi'nde (MSE) ise ortalama alınmadan önce farkların karesi alındığından hata miktarı da büyümektedir. Hatta uç değerlerin (outliers) varlığı MSE değerinin daha da artmasına sebep olacaktır (Bennett ve diğ., 2013). Hata kareleri ortalamasının karekökü (RMSE), MSE değerinin karekökünü aldığından, hatanın boyutları verilerin boyutları ile aynı büyüklükte ifade edilebilmektedir. Aynı zamanda, veri setindeki uç değerlerin atılması durumunda RMSE değeri diğer parametrelere göre daha fazla etkilenmektedir. RMSE ve MSE parametrelerinin kullanımı, MAE değerine kıyasla daha yaygındır (Paschalidou ve Kassomenos, 2009; Bennett ve diğ., 2013). Normalleştirilmiş ortalama hatanın karesi (NMSE) tüm veri setinin dağılımına odaklanır. En iyi model NMSE değeri 0 için elde edilirken NMSE $\leq$ 0,5 olduğu durumlarda modelin başarılı olduğu kabul edilmektedir. Paydada yer alan ortalamaların çarpım terimi ile normalleştirilen NMSE, modelin az veya fazla tahmin etmesinden dolayı yanlılık göstermeyecektir (Hanha, 1988; Yasin ve Al-Awadhi, 2011). Kesirli sapma (FB) parametresi (-2, 2) aralığında değer almakta ve en iyi model için de 0 sonucunu vermektedir. Negatif FB değeri modelin konsantrasyonları fazla tahmin ettiğini, pozitif FB değeri de konsantrasyonların model tarafından daha düşük olarak tahmin edildiğini gösterir (Behera ve diğ., 2011). Korelasyon analizi, hem nümerik hem de grafiksel hesaplamaları içermektedir. Nümerik sonuçlar, ölçülen ve model tarafından tahmin edilen değerler arasındaki ilişkiyi kantitatif olarak, grafiksel sonuçlar da bu ilişkiyi kalitatif olarak ifade ederler. Korelasyon katsayısı, en iyi sonuç veren model için 1 değerini alır (Kumar, 2014). Uyum indeksi (IA), model tahminlerindeki hata derecesinin standartlaştırılmış ölçümü olarak tanımlanabilir. IA, 0 ile 1 arasında değer alır. 1 değeri ölçülen ve tahmin edilen konsantrasyonlar arasındaki uyumun mükemmel olduğunu belirtir (Moriasi ve diğ., 2007).

Atmosferik kirleticilerin konsantrasyon dağılımları genellikle log-normaldir. Bu nedenle, doğrusal olan parametreler (FB ve NMSE gibi), seyrek olarak ölçülen veya tahmin edilen yüksek konsantrasyonlardan daha fazla etkilenebilmektedirler. Fakat, Ortalama Hata (Mean Bias - MB) (Denklem (2.35)) ve Geometrik Varyans (VG) (Denklem (2.36)) gibi logaritmik parametreler, çok yüksek ve çok düşük konsantrasyon değerlerinden doğrusal parametreler kadar etkilenmemektedir. Ancak logaritmik parametreler 0'dan büyük değerler için tanımlı olduklarından, ölçüm cihazlarının eşik değerlerinden daha düşük konsantrasyonların olması durumunda bu parametreler tanımsız olacaktır. Uç değerlere karşı en dirençli parametre ise 2'nin Faktörü (Factor of 2 – FAC2)'dür (Denklem (2.37)). Modellenen değerlerin ölçülen değerlere oranı olan FAC2 0,5 ile 2 arasında değer almakta olup FAC2 $\geq$ 0,8 olan modeller başarılı kabul edilmektedir (Borrego ve diğ., 2008; Donnelly ve diğ., 2009; Jeong, 2011; Yasin ve Al-Awadhi, 2011).

$$MG=\exp\left(\overline{\ln O}-\overline{\ln P}\right) \tag{2.35}$$

$$VG=\exp\overline{\left(\ln O-\ln P\right)^2} \quad (2.36)$$

$$FAC2=\frac{P}{O} \quad (2.37)$$

Hava kalitesi modellerindeki belirsizlikler sistematik ve sistematik olmayan (unsystematic) belirsizlikler olarak ikiye ayrılır. Sistematik belirsizlikler, modelin yapısı ve modele girilen verilerden kaynaklanırken, sistematik olmayan belirsizliklerin kaynağı ise atmosferik ve ölçümler sırasında meydana gelen rasgele türbülanslardır (Borrego ve diğ., 2008). FB ve MG parametreleri sadece sistematik hataları ölçebilirken, RMSE, NMSE ve VG hem sistematik hem de sistematik olmayan hataları belirleyebilmektedir (Chang ve Hanna, 2004; Trapp ve diğ., 2010). Tüm bu bilgilerin ışığında model performansını belirlemek için kullanılan istatistiksel parametreler ve özellikleri Tablo 2.5'de özetlenmiştir.

Tablo 2.5. Model performansının belirlenmesinde kullanılan parametreler

Parametre	Formülü	Değer aralığı	En iyi değer	Kabul değeri
FOEX	$FOEX=\left[\frac{n_{P_i>O_i}}{n}-0{,}5\right]x\%100$	(-%50, +%50)	%0	
ME	$\frac{1}{n}\sum_{i=1}^{n}(O_i-P_i)$	$(-\infty, +\infty)$	0	
MAE	$\frac{1}{n}\sum_{i=1}^{n}\lvert O_i-P_i\rvert$	$(0, +\infty)$	0	
MSE	$\frac{1}{n}\sum_{i=1}^{n}(O_i-P_i)^2$	$(0, +\infty)$	0	
RMSE	$\sqrt{\frac{1}{n}\sum_{i=1}^{n}(O_i-P_i)^2}$	$(0, +\infty)$	0	
NMSE	$\frac{\frac{1}{n}\sum_{i=1}^{n}(O_i-P_i)^2}{\bar{O}x\bar{P}}$	yok	0	$\leq 0{,}5$
FB	$\frac{(\bar{O}-\bar{P})}{0{,}5x(\bar{O}+\bar{P})}$	(-2 , 2)	0	$-0{,}5 \leq FB \leq 0{,}5$
r	$\frac{\frac{1}{n}\sum_{i=1}^{n}(O_i-\bar{O})(P_i-\bar{P})}{\sigma_O x \sigma_P}$	(-1 , 1)	1	
IA	$1-\frac{\sum_{i=1}^{n}(P_i-O_i)^2}{\left((P_i-\bar{O})(O_i-\bar{P})\right)^2}$	(0 , 1)	1	
MG	$\exp\left(\overline{\ln O}-\overline{\ln P}\right)$	>0	1	$0{,}7 < MG < 1{,}3$
VG	$\exp\overline{(\ln O-\ln P)^2}$	>0	1	$VG < 1{,}6$
FAC2	$\frac{P}{O}$	(0,5 , 2)	1	$0{,}5 \leq FAC2 \leq 2{,}0$

3. LİTERATÜR ÖZETİ

3.1. Çalışma Sahasındaki Araştırmaların Özeti

Zonguldak ilindeki hava kirliliği önde gelen çevre sorunu olmasına rağmen bu konu yapılan çalışma sayısı oldukça azdır. Zonguldak Karaelmas Üniversitesi merkez yerleşkesinde yapılan bir çalışmada $PM_{2,5}$ ve PM_{10} miktarları ölçülmüş ve partiküller üzerinde yüksek oranda kanserojen olduğu bilenen Benzo-a-piren bileşiği tespit edilmiştir. Benzo-a-piren'in $PM_{2,5}$'de % 71 miktarında ve PM_{10}'da % 68 oranında tesirli olduğu belirtilmiştir. Bu oranların Japonya'da % 50-64 ve Yunanistan'da ise % 40-50 arasında olduğu yine aynı çalışmada bildirilmiştir. Benzo-a-piren bileşiğinin kömür yakılmasıdan kaynaklandığı ise ayrıca ifade edilmiştir (Akyüz ve Çabuk, 2008).

Zonguldak'ta partikül maddeler üzerinde yapılan bir başka çalışmada ise Aralık 2004 - Ekim 2005 döneminde partiküllerin kütle ve iz element konsantrasyonları incelenmiştir. PM_{10} ortalama kütle konsantrasyonu 53,72 $\mu g/m^3$ olarak bulunmuştur. Kış ve yaz sezonlarına ait PM_{10} ortalamaları ise 63,59 $\mu g/m^3$ ve 41,83 $\mu g/m^3$'tür. PM_{10} partiküllerde bulunan iz elementlerin (Al, Si, Ca, Fe, Ti, Mg, Zn, Pb, S, K, Mn, Cu, Ni, Cr) konsantrasyonları da X-ray fluorescence (XRF) cihazı ile analiz edilmiş ve konsantrasyonların sırasıyla 590,61, 1358,22, 1187,80, 405,39, 58,18, 159,53, 84,63, 19,75, 1132,57, 408,69, 19,64, 120,70, 5,89, 7,47 ng/m^3 olduğu rapor edilmiştir. Ayrıca Pb, Zn ve S elementlerinin ince partiküllerde daha yoğun olduğu, Mg, Fe, Al, Ca, Ti ve Si elementlerin de kaba partiküllerde daha yoğun bulunduğu belirtilmiştir (Süren, 2007).

Zonguldak il merkezinde 18 yaş üstü 611 kişi ile yapılan bir sağlık çalışmasında KOAH prevalansı % 15,2 olarak bulunmuştur. Çalışmaya katılan kırk yaş ve üzerindeki kişilerde KOAH prevalansının % 17,9 olduğu belirtilmiştir. KOAH prevalansı erkeklerde % 21,5, kadınlarda ise % 10,5'dir. Çalışmada elde edilen bu değerlerin literatürdeki benzer verilerle kıyaslandığında çok yüksek olduğu ve KOAH'ın, Zonguldak il merkezinde önemli bir halk sağlığı problemi olduğu belirtilmiştir (Örnek, 2006).

Zonguldak il merkezinde yapılan başka bir çalışmada hava kirleticilerinden partikül madde (PM_{10}) ve kükürt dioksite (SO_2) maruziyet sonucunda üst solunum yolu hastalıkları nedeniyle hastanelere yapılan başvurular arasındaki ilişki zamansal ve alansal olarak incelenmiştir. Üst solunum yolu hastalıkları ile birlikte astım, bronşit ve KOAH gibi hastalıklarla da PM_{10} ve SO_2 kirleticilerinin aylık değişimleri arasında pozitif korelasyon tespit edilmiştir. Hastane başvurularının fosil yakıtların tüketildiği kış aylarında daha çok olduğu belirtilmiş ancak mahallelerin eğim ve bakı özellikleri ile hastane başvuruları arasında herhangi bir ilişki bulunamamıştır. Ayrıca bu çalışmada şehirdeki hava kalitesi izleme istasyonlarının yetersiz olması nedeniyle hava kirliliğinin alansal dağılımının incelenemediği vurgulanmıştır (Menteşe, 2011).

Yapılan bir çalışmada, 2007 yılında Zonguldak il merkezindeki 39494 konuttan kaynaklanan PM_{10} emisyonunun 425,8 ton/kış sezonu olarak hesaplandığı ve çalışma alanında metrekareye düşen PM_{10} kirlilik yükünün de saniyede 26,8 μg olduğu belirtilmiştir. Bu çalışmada, ayrıca il merkezindeki motorlu taşıtlardan (dizel yakıtlı) kaynaklanan PM_{10} emisyonunun ise 2007 yılı için 125 ton/yıl olduğu hesaplanmıştır (Zeydan, 2008).

1998 ile 2002 yılları arasında Zonguldak İl merkezinde kış sezonu (Ekim - Mart) PM_{10} ve SO_2 konsantrasyonları meteorolojik verilerin bağımsız parametreler kullanıldığı istatistiksel model yardımıyla tahmin edilmeye çalışılmıştır. Zonguldak'ta PM_{10} konsantrasyonunun çalışma periyodu boyunca SO_2 konsantrasyonuna kıyasla sürekli daha yüksek olduğu vurgulanmıştır. Kirleticilerin ısınma kaynaklı olduğu ve mevsimsel değişikliklerin gözlendiği belirtilmiştir. Geliştirilen doğrusal regresyon modellerinin performansları ise korelasyon katsayısı, ortalama hatanın karekökü (RMSE) ve uyum indeksi (IA) ile belirlenmiş ve daha iyi tahminlerin yapılabilmesi için doğrusal olmayan yapay sinir ağları veya bulanık mantık gibi modellerin kullanılması önerilmiştir (Aydın, 2006).

Zonguldak'ta 2004 yılı Aralık ayı ile 2005 yılı Ekim ayı arasındaki dönemi kapsayan bir çalışmada meteorolojik ve topografik faktörlerin partikül madde konsantrasyonları üzerindeki etkileri araştırılmıştır. 236 farklı örneğin toplandığı bu çalışmada ortalama PM_{10} konsantrasyonu 53,23 $\mu g/m^3$ olarak bulunmuştur. Çalışmada, yüksek PM_{10} konsantrasyonlarının düşük kalitedeki kömür kullanımından kaynaklandığı ayrıca, topografyanın da meydana gelen sıcaklık terslemesi olaylarında etkili olduğu belirtilmiştir. En yüksek PM_{10} konsantrasyonlarının bağıl nem oranının % 62 ile % 83 aralığında olduğu zaman görüldüğü vurgulanmıştır. Yağmurlu günlerde, ıslak giderim ile PM_{10} oranının azaldığı ifade edilerek, yağışsız günlerde PM_{10} miktarının % 10,7 daha fazla olduğu bulunmuştur. Sıcaklığın PM_{10} ile negatif korelasyon gösterdiğinin belirtildiği çalışmada rüzgar hızı ile PM_{10} ilişkisi belirlenememiştir. Bunun nedeni olarak plansız ve sıkışık şehirleşme ile şehrin topografyasının yeterli dispersiyon koşullarının oluşmasını engellediği belirtilmiştir (Tecer ve diğ., 2008).

Yıldırım ve Bayramoğlu (2006) tarafından Zonguldak'ta yapılan bir başka çalışmada ise SO_2 ve toplam askıdaki partikül madde (TSP) emisyonlarının belirlenmesinde yapay sinir ağları ve bulanık mantık kullanılmıştır. Oluşturulan veri setinde bağıl nem, güneş radyasyonu, sıcaklık, yağış, rüzgar hızı, basınç ve bir önceki güne ait SO_2 veya TSP konsantrasyonu değerleri yer almaktadır. Modelin daha iyi sonuç verebilmesi için önceki yıla veya yıllara ait veri setlerinin eğitim amacıyla kullanılması gerektiği belirtilmiştir. Model performansının belirlenmesinde RMSE ve IA değerleri kullanılmıştır. Sonuçta, model performansının SO_2 için % 75-90 ve TSP için de % 69-80 olduğu bildirilmiştir.

Kocabaş ve diğerleri (2012) tarafından yapılan bir çalışmada ise 2010 yılında Zonguldak Limanındaki gemi faaliyetleri sonucunda oluşan emisyonların envanterini hazırlamışlardır. 3000 m^2 kapalı ve 77750 m^2 açık alan bulunan Zonguldak Limanına 2010 yılında 19111 aracın roro gemileri ile 23200 vagonunda da tren ferisi ile transfer edildiği bildirilmiştir. Çalışmada EMEP (European Monitoring and Evaluation Programme – Avrupa İzleme ve Değerlendirme Programı) emisyon faktörleri kullanılmıştır. Çalışma sırasında, liman hizmetlerini sağlayan botlardan, balıkçı teknelerinden, limandaki yükleme, depolama ve boşaltmada kullanılan araçlardan kaynaklanan emisyonlar hesaplamalara dahil edilmemiştir. Çalışma sonucunda, Zonguldak Limanından gemi faaliyetleri sonucunda 3288 ton/yıl CO_2, 60 ton/yıl NOx, 56 ton/yıl SO_2, 8,4 ton/yıl PM ve 5,6 ton/yıl HC'nin atmosfere salındığı hesaplanmıştır.

Ülke genelinde yıllık PM_{10} seviyelerinin incelendiği bir çalışmada, 2007 yılına ait en düşük PM_{10} konsantrasyonlarının (20 - 40 $\mu g/m^3$) Kastamonu, Sinop, Giresun ve Rize illerinde görüldüğü, en yüksek PM_{10} konsantrasyonlarının da (101 - 130 $\mu g/m^3$) Karabük, Kütahya, Denizli,

Batman ve Van illerinde olduğu belirtlilmiştir. Kış dönemindeki PM_{10} seviyeleri incelendiğinde ise en düşük seviyeler (40 - 50 $\mu g/m^3$) Samsun, Trabzon, Gümüşhane, Eskişehir, Nevşehir, Niğde, Karaman, Adana, Kilis, Kırklareli ve İzmir'de görülmekteyteyken en yüksek konsantrasyonların da (101 - 150 $\mu g/m^3$) Zonguldak, Karabük, Çorum, Kütahya, Denizli, Gaziantep ve Batman istasyonlarında gözlendiği ifade edilmiştir. Bu çalışmada ayrıca Dünya Sağlık Örgütü'nün PM_{10} için limit değeri olan 20 $\mu g/m^3$'ün hiçbir hava kalitesi izleme istasyonunda sağlanamadığı ve Avrupa Birliği'nin yıllık limit değeri olan 40 $\mu g/m^3$'e en yakın istasyonlarında ise Giresun (39,9 $\mu g/m^3$), Sinop (40,05 $\mu g/m^3$) ve İzmir-Güzelyalı (43,6 $\mu g/m^3$) olduğu belirtilmiştir (Akbulut Çoban, 2009).

3.2. Hava Kalitesi Modelleme ile İlgili Literatür Özeti

Umman'daki Mina Al-Fahay rafinerisinden kaynaklanan SO_2 emisyonlarının modellenmesi için CALPUFF modeli WRF (Weather Research and Forecasting) hava durumu modeli ile birlikte kullanılmıştır. Günlük 106000 varil kapasitesiyle üretim yapan rafineri, deniz kıyısı ile dağlık bölge arasında kompleks topografyada yer almaktadır. 32 km × 32 km'lik modelleme alanı 1 km'lik çözünürlüğe bölünerek 10-30 Ocak 2000 tarihleri arasındaki zaman periyodu için modelleme işlemi gerçekleştirilmiştir. Model sonuçları daha önceden aynı bölge için yapılmış olan ISCST model sonuçları ile karşılaştırılmıştır. Çalışma sonucunda, CALPUFF'un deniz kıyısındaki engebeli arazilerde daha iyi sonuçlar verdiği belirtilmiştir. Modelleme sonuçları arazide ölçülen değerlerle karşılaştırıldığında CALPUFF'un SO_2 konsantrasyonlarını daha yüksek olarak tahmin ettiği ortaya çıkmıştır. Gerçek değerler ile modelleme sonucundaki farklılıkların topografik ve meteorolojik verilerden ve SO_2'nin kimyasal tepkimelerinin hesaba katılmamasından kaynaklanabileceği belirtilmiştir (Abdul-Wahab ve diğ., 2011).

Hindistan'da yapılması düşünülen 1000 MW'lık bir termik güç santralinin hava kalitesine etkisinin belirlenmesi için ISCST3 modeli kullanılmıştır. Petrokimya, rafineri, demir çelik endüstrisi, kimya endüstrisi, gübre endüstrisi ve bir başka 1000 MW'lık bir termik güç santralinin daha bulunduğu endüstrisi bölgesinde yeni yapılması düşünülen termik santralin SO_2 emisyonlarına etkisi araştırılmıştır. Yapımı planlanan yeni santral ile birlikte engebeli arazilerde maksimum saatlik SO_2 konsantrasyonunun 339,21 $\mu g/m^3$'den 435,53 $\mu g/m^3$'e çıkacağı tespit edilmiştir. Termik santraller de dahil olmak üzere SO_2 emisyonları yüksek olan sanayi tesislerinde % 85 veya % 90 oranlarında baca gazı desülfürizasyonunun uygulanması durumunda ise Hindistan'daki endüstriyel bölgeler için geçerli olan 120 $\mu g/m^3$'lük SO_2 değerinin sağlanacağı ifade edilmiştir (Bandyopadhyay, 2009).

Hindistan'ın Madurai kentinde yapılan bir çalışmada ise PM_{10} ve kurşun konsantrasyonları ölçülmüş ve modellenmiştir. Ölçüm döneminde PM_{10} konsantrasyonlarının 88,1 ile 226,9 $\mu g/m^3$ arasında olduğu ölçülmüştür. Maksimum konsantrasyonların yaz aylarında, minimum değerlerin ise muson sezonunda ölçüldüğü ifade edilmiş bunun nedeni olarak da PM_{10}'un ıslak çökelmeyle atmosferden giderildiği belirtilmiştir. Çalışmada, modelleme yazılımı olarak da AERMOD kullanılmıştır. Model çıktıları ölçümler ile kıyaslandığında AERMOD'un PM_{10} konsantrasyonlarını 1 ile 1,5 kat daha düşük olarak tahmin ettiği sonucuna varılmıştır (Bhaskar ve diğ., 2008).

Elementel cıva konsantrasyonlarının modellendiği bir başka çalışmada AERMOD modeli kullanılmıştır. 0,001 g Hg/s emisyonu olan kömürle çalışan bir buhar kazanının modellenmesi için 4 farklı senaryo oluşturulmuştur (20 ve 55m baca yüksekliği ile düz ve engebeli arazi). Çalışma sonucunda endüstriyel tesisin yakınındaki engebeli arazide bulunan yerleşim yerlerinin düz arazide bulunanlara göre 2 ile 3 kat daha fazla kirleticiye maruz kaldıkları belirtilmiştir. Baca boyunun 55 metre olduğu durumda yıllık maksimum cıva konsantrasyonunun 0,4 $\mu g/m^3$ olduğu (düz ve engebeli arazide), 20 metre baca boyunda ise oluşan yıllık maksimum cıva konsantrasyonunun 4,0 $\mu g/m^3$ (düz arazide) ve 7,06 $\mu g/m^3$ (engebeli arazide) olduğu bulunmuştur (Heckel ve LeMasters, 2011).

2003 ile 2007 yılları arasını kapsayan ve Yunanistan'ın Selanik kentinde yapılan bir hava kalitesi modelleme çalışmasında PM_{10} konsantrasyonları modellenmiştir. 11 tane sanayi tesisi ve 3 tane taş ocağının PM_{10} emisyonlarının Selanik'teki hava kalitesine etkisi AERMOD yazılımı yardımı ile tahmin edilmiştir. Çalışmada, emisyon envanterinin hazırlanmasında IPPC emisyon faktörlerinin kullanılmıştır. Çalışma sonucunda, modellenen değerler ile ölçüm istasyonlarında ölçülen değerlerin birbirine yakın olduğu belirtilmiştir. Ayrıca, şehrin batı banliyölerindeki PM_{10} konsantrasyonunun % 30'unun sanayi tesislerinden kaynaklandığı ve şehir merkezinde bu oranın % 7 olduğu tespit edilmiştir (Kakosimos ve diğ., 2011).

Kuveyt'te 15 adet güç tesissinden kaynaklanan SO_2 emisyonlarının modellendiği bir çalışmada ISC-AERMOD modeli kullanılmıştır. Kuveyt City'nin 15 km doğusunda yer alan Doha East ve Doha West güç tesisleri sırasıyla 1050 MW ve 2400 MW'lık kapasitelere sahiptirler. 2008 yılında gerçekleştirilen bu çalışmada, 50×50 km'lik modelleme alanı 1km'lik gridlere bölünmüştür. Maksimum günlük SO_2 konsantrasyonu tesislerin 1,9 km batısında 380 $\mu g/m^3$ olarak tespit edilmiştir. Pik konsantrasyonların Mayıs ve Eylül ayları arasını kapsayan dönemde görüldüğü bildirilmiştir (Yassin ve Al-Awadhi, 2011).

Yeni Zelanda'nın güney adasında yer alan Cristhchurch kentinde kış dönemi partikül madde emisyonları CALPUFF yazılımı ile modellenmiştir. Günde 13400 kg PM_{10}'un atmosfere salındığı şehirde emisyonların % 82'si (11000 kg/gün) evsel ısınmadan, % 10'u mobil kaynaklardan ve geri kalan % 8'i ise sanayiden kaynaklanmaktadır. Yaklaşık 40000 civarında odun ve kömür sobasının bulunduğu kentte 27 Temmuz – 1 Ağustos 1995 tarihleri arasında gözlenen episodda saatlik pik PM_{10} konsantrasyonu 386 $\mu g/m^3$ ve günlük pik değer de 107 $\mu g/m^3$ olarak ölçülmüştür. Çalışmada, episodlarda gerçekleşen kararlı durumları daha iyi modelleyebildiği için CALPUFF modeli kullanılmıştır. Model performansının belirlenmesi için model çıktıları, 4 tane hava kalitesi ölçüm istasyonunda ölçülen değerlerle kıyaslanmıştır. Sonuçta, modelin yüksek konsantrasyonlarda daha düşük tahminlerde bulunduğu, düşük konsantrasyonlarda ise daha yüksek tahminlerde bulunduğu belirtilmiştir. Bu çalışmada ayrıca 3 farklı emisyon kontrol stratejisi de model ile denenmiştir. Odun yakan sobaların sıfır PM_{10} emisyonlu elektrikli veya gaz yakan alternatiflerle değiştirilmesi durumunda PM_{10} konsantrasyonunun % 42 azalacağı, benzer şekilde kömür yakan sobaların alternatifleri ile değiştirilmesi durumunda da PM_{10} konsantrasyonunun % 32 azalacağı sonucu çıkarılmıştır. Hem odun hem de kömür kullanımının tümüyle yasaklanıp alternatiflerin kullanılması ile de günlük pik PM_{10} konsantrasyonunun % 55 oranında azalacağı belirtilmiştir (Barna ve Gimson, 2002).

Kolombiya'daki açık işletilen ve yıllık 33 milyon ton üretim kapasiteli 7 kömür ocağından kaynaklanan PM_{10} emisyonları ISCST3 ve AERMOD modelleri yardımı ile modellenmiştir. Tahmin edilen konsantrasyonlar hava kalitesi izleme ağından alınan ölçüm değerleri ile karşılaştırılmıştır. Çalışma sonucunda, uzun dönem ortalamalarında AERMOD'un daha iyi sonuçlar verdiği belirtilmiştir. Ölçülen değerler ile AERMOD'un tahmin ettiği değerler arasındaki korelasyon (r) 0,857 olarak bulunmuşken ISCST3 modeli ile ölçüm değerleri arasındaki korelasyonun 0,705 olduğu belirtilmiştir. Partikül madde konsantrasyonlarının modeller tarafından daha düşük olarak tahmin edildiği bunun nedeninin de emisyon envanterindeki eksikliklerin olabileceği bildirilmiştir. Ayrıca modelin duyarlılık analizi sonucunda, madenlerden kaynaklanan % 1'lik bir emisyon artışının toplam partikül madde konsantrasyonunu 0,953 $\mu g/m^3$ arttıracağı bulunmuştur (Huertas ve diğ., 2012).

2005 yılında Polonya'da yapılan bir hava kalitesi modelleme çalışmasında partikül madde konsantrasyonları, üç boyutlu kimyasal taşınım modeli olan CAMx ile tahmin edilmiştir. Modelleme alanı 10 km çözünürlüklü 70 × 70 ızgara hücreye ayrılmış ve dikeyde 18 katman kullanılmıştır. Hava durumu verileri WRF (Weather Research and Forecasting) modeli ile işlenmiştir. Enerji üretiminden, motorlu taşıtlardan, evsel ısınmadan, endüstriyel tesislerden ve doğal kaynaklardan salınan emisyonlar partikül madde kaynakları olarak modele girilmiştir. Model çıktıları AirBase veritabanına dahil ve kırsal bölgelerde yer alan 10 adet hava izleme istasyonunun PM_{10} ölçümleri ile kıyaslanarak model performansı değerlendirilmiştir. Korelasyon katsayısı (r) ve uyum indeksi (IA) değerleri sırasıyla 0,66 ve 0,74 bulunmuş; tahminlerin ölçülen değerler ile iyi bir korelasyona sahip olduğu bildirilmiştir. Sonuçta, modelin yıllık ortalamalarda ve sonbahar-kış sezonu için iyi bir performans sergilediği vurgulanmıştır. Ancak, ilkbahar-yaz sezonunda ise model tahminleri ölçülen değerlerin altında kalmıştır. Bunun nedeni olarak da ilkbahar-yaz sezonunda otların yakılması, orman yangınları ve rüzgar ile taşınan veya yerden kalkan tozlar gibi partikül madde emisyonlarının modele girilmemiş olması gösterilmiştir (Trapp ve diğ., 2010).

AERMOD modelinin farklı zaman dilimlerindeki performanslarının kıyaslandığı bir modelleme çalışması Amerika Birleşik Devletleri'nin Teksas eyaletindeki Dallas ve Ellis şehirlerinde gerçekleştirilmiştir. SO_2 konsantrasyonlarının tahmin edildiği bu çalışma 1 Ocak – 31 Aralık 2002 tarihleri arasındaki dönem için yapılmıştır. Dallas şehrindeki 510 noktasal kaynaktan toplam 393,9 ton ve motorlu taşıtlardan da 1587,09 ton SO_2'nin atmosfere salındığı bildirilmiştir. Ellis şehrindeki 76 noktasal kaynaktan salınan SO_2 miktarı 161 ton ve motorlu taşıtların SO_2 emisyonları ise 10160 ton'dur. AERMOD modeli 1 saatlik, 3 saatlik, 8 saatlik, günlük, aylık ve yıllık zaman dilimleri için çalıştırılmıştır. Model sonuçları, 3 adet hava izleme istasyonundan ölçülen değerler ile Q-Q grafikleri çizilerek karşılaştırıldıklarında AERMOD'un orta (8 saatlik) ve uzun vadeli (aylık ve yıllık) zaman dilimlerindeki model çıktılarının kısa vadeli (1 ve 3 saatlik) zaman dilimlerindeki tahminlere göre çok daha iyi sonuçlar verdiği belirlenmiştir. Çalışmada, ortaya çıkan bu sonucun çok da şaşırtıcı olmadığı, kısa zaman dilimlerinde kirletici konsantrasyonlarını yüksek doğrulukla oranıyla tahmin etmenin oldukça zor olduğu vurgulanmıştır. Ayrıca, zaman dilimi uzadıkça tahmin edilen ve gözlenen konsantrasyonların standart sapma değerlerinin azaldığı, korelasyon katsayısı ve uyum indeksinin de daha iyi sonuçlar verdiği belirtilmiştir. Çalışmanın sonucunda, genel olarak AERMOD'un konsantrasyon tahminlerinin ölçülen değerlerden daha düşük olduğu, bunun nedeni olarak da noktasal olmayan kaynakların ve yol dışı emisyonların modele dahil edilmemesi gösterilmiştir (Zou ve diğ., 2010).

Hindistan'ın Ganj Havzası'nda bulunan Kanpur şehrinde PM_{10} emisyonlarının modellendiği bir çalışmada ISCST3 modeli kullanılmıştır. PM_{10} emisyon envanterinin hazırlanmasında Coğrafi Bilgi Sistemlerinden faydalanılmış ve çalışma alanı 2 × 2 km'lik 85 hücreye bölünmüştür. Günlük toplam 11,2 ton PM_{10}'un atmosfere salındığı, emisyon kaynaklarının da endüstriyel noktasal kaynaklar (2,9 ton), endüstriyel alansal kaynaklar (0,8 ton), motorlu taşıtlar (2,3 ton), evsel ısınma (2,1 ton), yollardan kalkan tozlar (1,6 ton), açıkta yakma işlemleri (1,0 ton), otel ve restoranların yakıt tüketimleri (0,4) olduğu hesaplanmıştır. ISCST3 modelinin tahminleri toplam 7 tane hava kalitesi izleme istasyonu ölçümleri ile karşılaştırılmıştır. Model performansının belirlenmesinde 4 farklı istatistiksel parametre kullanılmıştır. Kesirli sapma (FB) parametresinin değeri 0,53 olarak hesaplanmış ve bu değer pozitif olduğu için modelin tahminlerinin gerçekte ölçülen değerlerden daha düşük olduğu belirtilmiştir. Modelin daha düşük tahmin etmesinin sebebi olarak background konsantrasyon değerinin modele dahil edilmemiş olması gösterilmiştir. Normalleştirilmiş Ortalama Hatanın Karekök'ü (NMSE) değeri 0,48 olarak bulunmuş ve bu değer 0,5'den küçük olduğu için model performansının kabul edilebilir olduğu belirtilmiştir. Korelasyon katsayısı (r) değeri 0,69 ve uyum indeksi değeri (IA) de 0,62 olarak hesaplanmış ve modelin uygulama ve karar vermede yeterli olarak kabul edilebileceği sonucuna varılmıştır. Çalışmada ayrıca, kaynakların PM_{10} kirliliğine yapmış oldukları katkı payları da hesaplamıştır. En yüksek katkı yapan kirletici kaynaklarının motorlu taşıtlar (% 16), evsel ısınma (% 16), yolardan kalkan tozlar (% 14) ve endüstriler (% 7) olduğu bulunmuştur. İlginç bir şekilde, yakıt olarak kömür kullanan termik santralin kirliliğe çok fazla katkı yapmadığı, bunun sebebi olarak da baca boyunun 120 metre yüksekliğe sahip olması gösterilmiştir (Behera ve diğ., 2011).

İstanbul'da yapılan bir hava kalitesi modellemesi çalışmasında ISCST3 modeli yardımıyla PM_{10} emisyonları modellenmiştir. Çalışma alanı olarak İstanbul'un kalabalık ilçelerinden biri olan Bahçelievler bölgesi seçilmiştir. 4 × 4 km'lik alanda evsel ısınma, sanayi tesisleri ve trafikten kaynaklanan PM_{10} emisyonlarının envanteri hazırlanmıştır. 1999 yılı için Florya Meteoroloji istasyonundan elde edilen veriler PCRAMMET yazılımı ile işlenmiştir. Modelleme çalışması sonucunda bölgedeki başlıca kirlilik kaynağının evsel ısınma amacıyla tüketilen doğalgaz olduğu belirtilmiştir. Tüm kirletici kaynaklar hesaba katıldığında en yüksek PM_{10} konsantrasyonu 287,5 $\mu g/m^3$ olarak tahmin edilmiştir. Ayrıca, model performansının belirlenmesi amacıyla sahada ölçülen değerler ile model tahminleri karşılaştırılmış ve modelin gerçekteki PM_{10} konsantrasyonunu % 82 oranında tahmin ettiği bildirilmiştir (Onat ve diğ., 2004).

Bursa'da yapılan bir çalışmada 1995-1996 yılları arasında Büyükşehir Belediyesi sınırları içerisindeki hava kirliliği haritası çıkartılmıştır. Evsel ısınma ve motorlu taşıtlardan kaynaklanan kükürt dioksit ve azot oksitlerin emisyon envanteri hazırlanmış ve kirletici konsantrasyonlarının hesaplanması için ATDL (Atmospheric Turbulent Diffusion Laboratory - Atmosferik Türbülanslı Difüzyon Laboratuvarı) modelinin basitleştirilmiş bir versiyonu kullanılmıştır. Kirletici konsantrasyonlarının hesaplanmasından sonra uzaysal enterpolasyon yöntemi (Kriging) ile de kirlilik haritaları oluşturulmuştur. Çalışma sonucunda Heykel, Yıldırım ve Altıparmak bölgelerinde SO_2 ve NOx kirliliğinin daha yoğun olduğu belirtilmiş, bunun nedeni olarak da bu bölgelerdeki yüksek nüfus ve trafik yoğunluğunun olduğu gösterilmiştir (Payan, 1997).

Ülkemizde demir-çelik endüstrisi bakımından önde gelen merkezlerinden biri olan İskenderun'da yapılan bir hava kalitesi çalışmasında öncelikle sanayi, evsel ısınma ve trafikten kaynaklanan PM, SO_2, NOx, CO ve metan dışı uçucu organik bileşikler (NMVOC) için emisyon envanteri hazırlanmıştır. 2001 yılı için PM emisyonu 19951 ton/yıl olarak hesaplanmış ve bu miktarın % 96'sının sanayi tesislerinden kaynaklandığı belirtilmiştir. Ayrıca 25 × 50 km'lik bir bölgede PM, SO_2, NOx ve CO kirleticileri konsantrasyonları ISCST3 modeli ile tahmin edilmiş ve hava kirliliği haritaları hazırlanmıştır. Model sonuçlarının değerlendirilmesi için yapılan istatistiksel analizlere göre modelin kirletici konsantrasyonlarını gerçek değerlerden daha düşük olarak tahmin ettiği belirtilmiştir. Çalışma sonucunda İskenderun, Payas ve Dörtyol'da hava kirliliğinin ağarlıklı olarak kentsel ısınma ve trafikten kaynaklandığı fakat İSDEMİR'in de hava kirliliğinde etkin olduğu bildirilmiştir. İSDEMİR kaynaklı partikül madde emisyonlarının kontrol edilmesi senaryosunda İskenderun Körfez'indeki partikül madde kirliliğinin % 70 daha az olacağı hesaplanmıştır (Chaudhary, 2003).

SO_2 konsantrasyonlarının tahmin edilmesinde CALPUFF modelinin kullanıldığı bir çalışma İzmit Körfezi için yapılmıştır. Modelleme işlemleri yüksek basınç, düşük rüzgar hızları ve düşük sıcaklıkların (0 °C) gözlendiği, 1997 yılındaki 3 farklı tarih (28 Ocak, 12 ve 26 Şubat) için yapılmıştır. Model sonuçlarına göre, ilk iki tarihteki Kocaeli şehri için günlük ortalama SO_2 konsantrasyonları 500 $\mu g/m^3$ değerini geçmiş, bununla beraber 26 Şubattaki günlük ortalama konsantrasyon değeri 200

$\mu g/m^3$'ün altında kalmıştır. Model sonuçlarını değerlendirebilmek için tahmin edilen değerler ölçüm sonuçları ile karşılaştırıldıklarında Gebze'deki sonuçların model ile çok iyi bir şekilde açıklandığı görülmüştür. Diğer ölçüm noktalarındaki sonuçların ise ilk iki tarih için model tarafından daha fazla, son tarihte ise daha düşük olarak tahmin edildiği bildirilmiştir (Tayanç ve Berçin, 2007).

4. MATERYAL ve METOT

4.1. Çalışma Alanı

Çalışma alanı, Karadeniz Bölgesinin batısındaki Zonguldak il metropoliten bölge sınırları içerisinde yer alan Zonguldak Merkez İlçesi, Kozlu İlçesi ve Kilimli İlçesi ile Çatalağzı, Muslu ve Gelik Beldeleridir. Zonguldak il merkezinin coğrafi koordinatları 41° 27,0' kuzey enlemi ve 31° 48,0' doğu boylamıdır. Çalışma alanını gösteren uydu görüntüsü Şekil 4.1'de verilmiştir. Çalışma alanına ait coğrafi bilgiler de Tablo 4.1'de listelenmiştir. Çalışma alanı, 21 × 16 km boyutlarında olup toplam 336 km^2'lik bir alanı kapsamaktadır. Çalışma alanında yer alan beldelerin ve ilçelerin nüfusları toplamı Adrese Dayalı Nüfusa Kayıt Sistemi (ADNKS) verilerine göre 31 Aralık 2013 itibari ile 181252 kişidir. Detaylı nüfus bilgileri Tablo 5.2'de sunulmuştur. Şehir merkezinin etrafı dağlarla çevrilidir. Çalışma alanı oldukça dik ve eğimli bir arazi yapısına sahiptir. Çalışma alanındaki dağlar 650 metreye kadar yükselebilmektedir (Menteşe, 2011). Topografik ve meteorolojik koşullar, yeterli dispersiyon oluşumunu engellediği için ildeki hava kirliliğine neden olan doğal etmenlerdir.

Tablo 4.1. Çalışma alanına ait coğrafi bilgiler

Datum:	WGS-84 (World Geodetic System)
Projeksiyon:	UTM (Universal Transverse Mercator – Evrensel Enlem Merkatörü)
UTM Zonu:	36
Güneybatı (SW) Koordinatları:	X: 393000 Doğu Y: 4585000 Kuzey
Proje alanı	X: 21 km Y: 16 km

Şekil 4.1. Çalışma alanının uydu görüntüsü

Tablo 4.2. Çalışma alanına ait nüfus verileri

İlçe / Belde Adı	Erkek	Kadın	Toplam
Zonguldak Merkez	52933	54850	107783
Kozlu	18253	18474	36727
Kilimli	11683	11704	23387
Çatalağzı	4012	3968	7980
Muslu	979	1033	2012
Gelik	1715	1648	3363
Genel Toplam	89575	91677	181252

4.1.1. Çalışma alanına ait meteorolojik veriler

Çalışma alanı olan Zonguldak'ta Karadeniz iklimi görülmekte olup her mevsim ılık ve yağışlıdır. Deniz kenarından iç bölgelere doğru gidildikçe yağışlar kar şeklini almaktadır. Meteorolojik veriler, 41,27 enlem ve 31,48 boylam koordinatlı Zonguldak Meteoroloji İstasyonu'ndan (deniz seviyesinden yüksekliği 137 metre) elde edilmiştir ve Tablo 4.3'te toplu olarak gösterilmiştir. Sıcaklık, güneşlenme süresi ve yağış ile ilgili istatistikler Devlet Meteoroloji İşleri Genel Müdürlüğü'nün web sitesinden elde edilmiş olup 1960 - 2012 yılları arasını kapsamaktadır (DMİ, 2014). Basınç, nem ve rüzgar verilerine ait istatistikler ise Zonguldak İl Çevre Durum Raporu'ndan alınmıştır ve bu veriler 1975 - 2011 yılları arasındaki 37 yıllık rasat süresini kapsamaktadır (Yücel ve diğ., 2011). Tablo 4.3'e göre yıllık ortalama sıcaklık 13,6 °C, ortalama en yüksek sıcaklık 17,0 °C ve ortalama en düşük sıcaklık ise 10,6°C'dir. En sıcak aylar Temmuz ve Ağustos ayları olup en soğuk aylar ise Ocak ve Şubat aylarıdır. Yıllık ortalama güneşlenme süresi 5,6 saattir. Yıllık ortalama yağışlı gün sayısı 12,3 olup yıllık toplam ortalama yağış miktarı ise 1222,6 kg/m^2'dir.

Çalışma alanındaki ortalama basınç 1000,1 hekto Pascal'dır. Ortalama nem % 69,4 olup çalışma alanındaki ortalama nem miktarı yılın hiçbir ayında % 66'nın altına düşmemektedir. Maksimum rüzgar hızı 27,1 m/sn ve ortalama rüzgar hızı da 2,4 m/sn olup etkin rüzgar yönleri sırasıyla ESE, SE ve SSE'dir.

Tablo 4.3. Zonguldak ili için uzun yıllar içinde gerçekleşen ortalama değerler (1970 - 2011)

Aylar	1	2	3	4	5	6	7	8	9	10	11	12	Ort.
Ort. Sıcaklık (°C)	6,0	6,0	7,5	11,4	15,5	19,7	21,9	21,8	18,6	15,2	11,7	8,4	13,6
Ort. En Yüksek Sıcaklık (°C)	9,1	9,3	10,9	15,1	18,9	23,1	25,1	25,2	22,3	18,7	15,2	11,6	17,0
Ort. En Düşük Sıcaklık (°C)	3,5	3,3	4,7	8,3	12,1	16,0	18,2	18,3	15,5	12,4	8,9	5,8	10,6
Ort. Güneşlenme Süresi (saat)	2,1	2,4	3,5	5,1	7,1	9,3	10,1	9,3	7,1	5,6	3,2	2,2	5,6
Ort. Yağışlı Gün Sayısı	18,0	15,7	14,8	12,6	10,8	8,7	7,1	7,2	8,6	12,4	13,7	17,8	12,3
Ort. Yağış Miktarı (kg/m^2)	133,3	92,1	94,7	61,5	54,5	70,3	74,1	86,8	110,7	142,9	143,7	158,0	1222,6 (*)
Ort. Basınç (hPa)	1002	1001	1000	998	998	997	996	997	1000	1002	1002	1002	1000
Ort. Nem (%)	67,6	67,5	67,4	68,5	71,4	69,5	71,6	72,2	71,2	72,4	67,2	66,7	69,4
Maksimum Rüzgar Hızı (m/sn)	25,6	26,0	29,5	31,5	21,9	27,1	23,8	31,5	25,0	25,5	32,0	26,1	27,1
Ort. Rüzgar Hızı (m/sn)	2,7	2,8	2,6	2,3	2,1	2,1	2,1	2,3	2,4	2,5	2,6	2,8	2,4

(*): toplam

4.1.2. Çalışma alanındaki hava kalitesi

İl ve ilçe merkezlerinde hava kalitesinin belirlenmesi için imisyon ölçümleri Çevre ve Şehircilik Bakanlığı'na ait Hava Kalitesi İzleme İstasyonları araçılığıyla yapılmaktadır. 2002 yılından 2010 yılına kadar Zonguldak il merkezinde ölçülen ortalama, minimum, maksimum PM_{10} konsantrasyonları ve bir önceki yılın aynı dönemine göre degişim oranları Tablo 4.4'te gösterilmiştir. Bu ölçümlerin 2002 yılı ile 2007 yılı Ekim ayı arasındaki bölümü Sağlık Bakanlığı tarafından yapılmıştır. TUİK (Türkiye İstatistik Kurumu) web sitesinde çevre istatistikleri bölümünde yer alan ve Tablo 4.4'te gösterilen Zonguldak iline ait PM_{10} ölçüm değerlerinin, Ulusal Hava Kalitesi İzleme Ağı'ndan 2008, 2009 ve 2010 yılları için elde edilen değerler ile birebir aynı olmadığı göz önünde bulundurulması gereken bir başka noktadır.

41,450556 Kuzey Enlemi ve 31,783611 Doğu Boylamı koordinatlı Çevre ve Şehircilik Bakanlığına ait Zonguldak Hava Kalitesi İzleme İstasyonu'ndan elde edilen verilerle, 2008, 2009, 2010, 2011, 2012 ve 2013 yıllarında yapılmış olan PM_{10} ölçümleri için, günlük ortalamalar kullanılarak zaman serisi grafikleri oluşturulmuştur. 2008 yılı ortalama PM_{10} konsantrasyonlarını gösteren zaman serisi grafiği Şekil 4.2'de gösterilmiştir. Benzer şekilde 2009, 2010, 2011, 2012 ve 2013 yıllarına ait ortalama PM_{10} konsantrasyonlarını gösteren zaman serisi grafikleri de sırasıyla Şekil 4.3, Şekil 4.4, Şekil 4.5, Şekil 4.6, ve Şekil 4.7'de sunulmuştur (URL-5).

Tablo 4.4. Zonguldak il merkezinde PM_{10} konsantrasyonları (TUİK, 2012)

Yıllar	Ortalama PM_{10} (µg/m^3)	Bir önceki döneme göre değişim oranları (%)	PM_{10} (µg/m^3)	
			Minimum	Maksimum
2002-2003	114		5	357
2003-2004	108	-5	5	336
2004-2005	109	1	11	495
2005-2006	59	-46	4	283
2006-2007	77		5	294
2007	125		50	218
2008	101		35	245
2009	82	-19	20	225
2010	67	-18	18	189

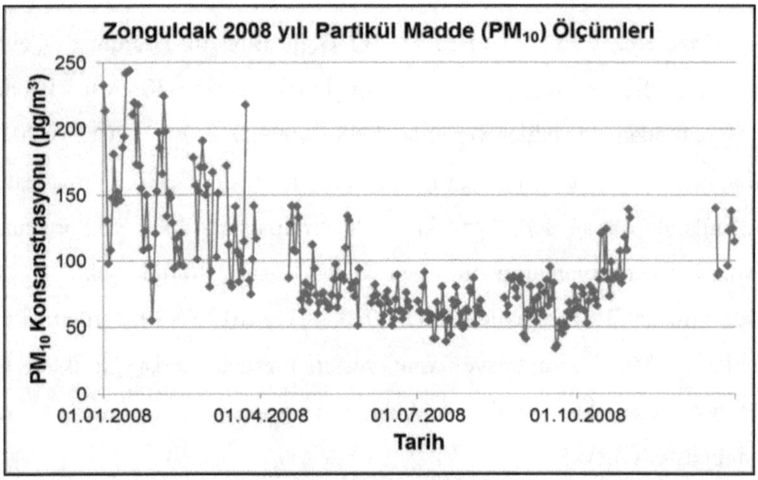

Şekil 4.2. Zonguldak 2008 yılı PM_{10} ölçümleri

2008 yılında ortalama PM_{10} konsantrasyonu 96 µg/m^3'dür. Günlük ortalamalarda en düşük PM_{10} konsantrasyonu 34 µg/m^3, en yüksek PM_{10}

konsantrasyonu ise 244 µg/m^3'dür. 2008 yılında, istasyonda 105 gün partikül madde ölçümü yapılamamıştır.

2009 yılı ortalama PM_{10} konsantrasyonlarını gösteren zaman serisi grafiği Şekil 4.3'de gösterilmiştir. 2009 yılında ortalama PM_{10} konsantrasyonu 80 µg/m^3 olarak ölçülmüştür. Günlük ortalamalarda en düşük değer 19 µg/m^3, en yüksek değer ise 224 µg/m^3'dür. 2009 yılında, istasyonda sadece 25 gün partikül madde ölçümü yapılamamıştır.

20010 yılı ortalama PM_{10} konsantrasyonlarını gösteren zaman serisi grafiği Şekil 4.4'de gösterilmiştir. 2010 yılında da ortalama PM_{10} konsantrasyonu 65 µg/m^3'dür. Günlük ortalamalarda en düşük PM_{10} konsantrasyonu 17 µg/m^3, en yüksek PM_{10} konsantrasyonu ise 188 µg/m^3 olarak ölçülmüştür. 2010 yılında, istasyonda 59 gün partikül madde ölçümünün yapılamadığı görülmektedir.

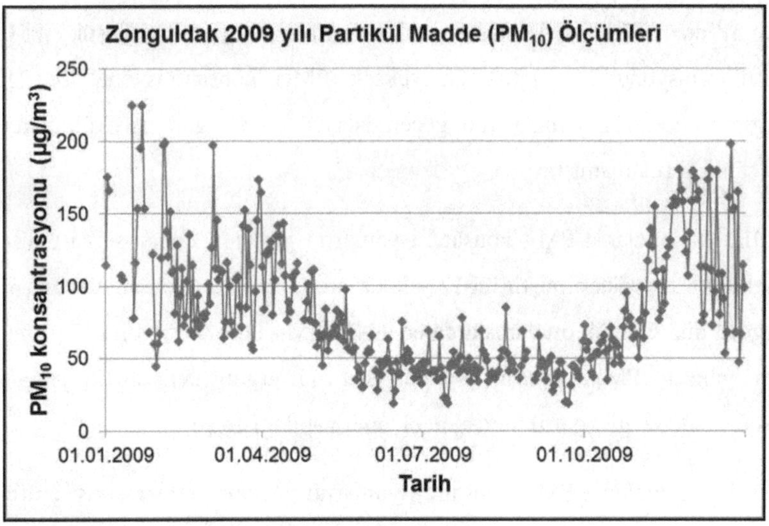

Şekil 4.3. Zonguldak 2009 yılı PM_{10} ölçümleri

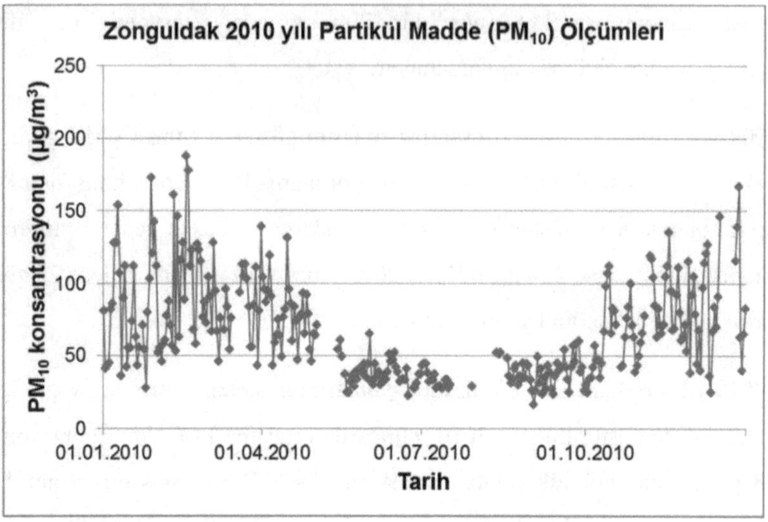

Şekil 4.4. Zonguldak 2010 yılı PM_{10} ölçümleri

2011 yılı ortalama PM_{10} konsantrasyonlarını gösteren zaman serisi grafiği Şekil 4.5'de gösterilmiştir. 2011 yılında ortalama PM_{10} konsantrasyonu 86 $\mu g/m^3$'dür. 2011 yılı için günlük ortalamalarda en düşük PM_{10} konsantrasyonu 21 $\mu g/m^3$, en yüksek PM_{10} konsantrasyonu ise 215 $\mu g/m^3$'dür. 2011 yılında, adı geçen istasyonda 63 gün partikül madde ölçümü yapılamamıştır.

2012 yılı ortalama PM_{10} konsantrasyonlarını gösteren zaman serisi grafiği Şekil 4.6'da gösterilmiştir. 2012 yılında ortalama PM_{10} konsantrasyonu 71 $\mu g/m^3$'dür. Günlük ortalamalarda en düşük PM_{10} konsantrasyonu 17 $\mu g/m^3$, en yüksek PM_{10} konsantrasyonu ise 211 $\mu g/m^3$'dür. 2012 yılında, istasyonda 46 gün partikül madde ölçümü yapılamamıştır.

2013 yılı ortalama PM_{10} konsantrasyonlarını gösteren zaman serisi grafiği Şekil 4.7'de gösterilmiştir. 2013 yılında ortalama PM_{10} konsantrasyonu 77 $\mu g/m^3$'dür. Günlük ortalamalarda en düşük PM_{10} konsantrasyonu 23 $\mu g/m^3$, en yüksek PM_{10} konsantrasyonu ise 261 µg/m³'dür. 2014 yılında, istasyonda 41 gün partikül madde ölçümü yapılamamıştır.

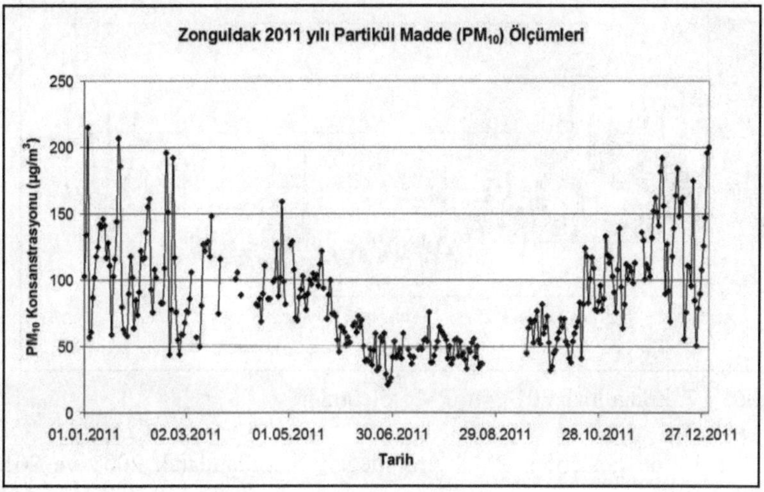

Şekil 4.5. Zonguldak 2011 yılı PM_{10} ölçümleri

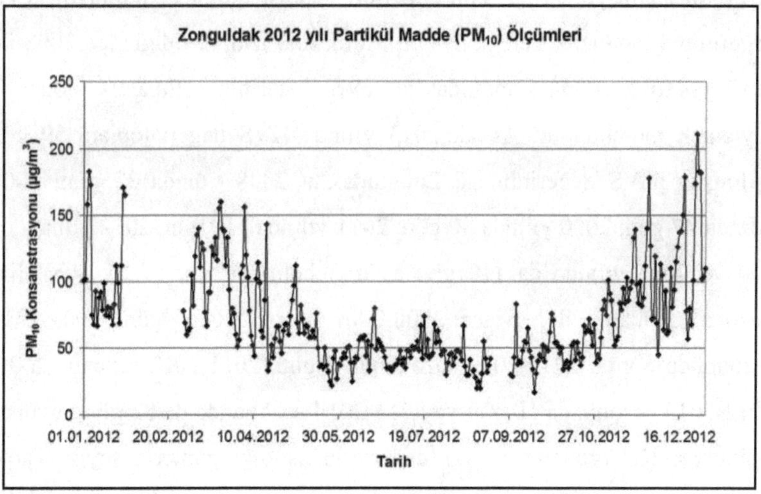

Şekil 4.6. Zonguldak 2012 yılı PM_{10} ölçümleri

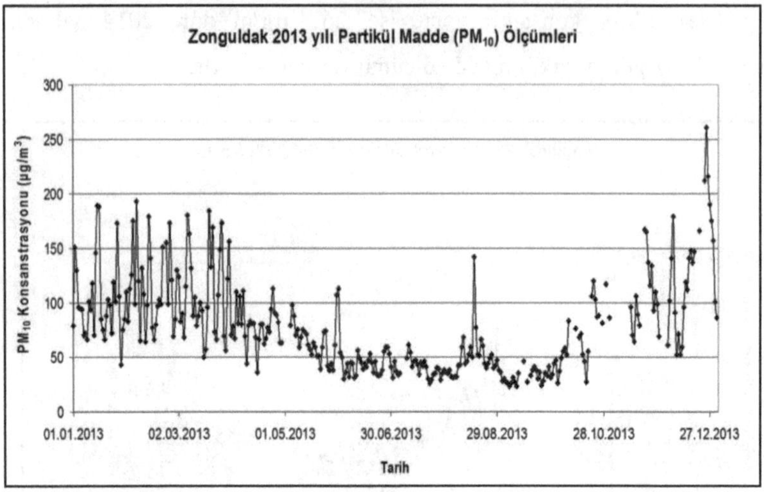

Şekil 4.7. Zonguldak 2013 yılı PM_{10} ölçümleri

Tablo 1.2'de gösterilen PM_{10} sınır değerleri kullanılarak 2008 ve 2013 yılları arasında Zonguldak Hava Kalitesi İzleme İstasyonu'nda ölçülen PM_{10} konsantrasyonlarının sınır değerleri aşıp aşmadığına bakılmıştır. KVS değerinin yönetmelik gereği 18 gün aşılmasına izin verildiğinden 2008 ile 2012 yılları arasında Zonguldak'ta KVS değerinin aşılmamış olduğunu söylemek mümkündür. Ancak 2013 yılında KVS değeri toplam 59 gün aşılmıştır. UVS değerinin ise Zonguldak'ta 2008 yılında 33 gün, 2009 yılında 47 gün, 2010 yılında 30 gün, 2011 yılında 110 gün, 2012 yılında da 100 ve 2013 yılında da 110 gün aşıldığı belirlenmiştir (Tablo 4.5). Kış Sezonu Ortalama değeri ise 2008-2009 sezonunda 2 gün, 2009-2010 sezonunda 6 gün, 2010-2011 sezonunda 7 gün, 2011-2012 sezonunda 29, 2012-2013 sezonunda 50 gün ve 2013-2014 sezonunda da 82 gün boyunca aşılmıştır. Kış ortalaması sınır değerlerin aşıldığı günlerin sayısı Tablo 4.6'da gösterilmiştir.

Tablo 4.5. Zonguldak'ta PM_{10} ölçümlerinin UVS ve KVS değerlerini aştığı günlerin sayısı

Yıllar	2008	2009	2010	2011	2012	2013
PM_{10} konsantrasyonunun KVS değerini aştığı gün sayısı	0	0	0	0	0	59
PM_{10} konsantrasyonunun UVS değerini aştığı gün sayısı	33	47	30	110	100	110

Tablo 4.6. Zonguldak'ta PM_{10} ölçümlerinin kış sezonu ortalaması sınır değerlerini aştığı günlerin sayısı

Kış Sezonları	2008-2009	2009-2010	2010-2011	2011-2012	2012-2013	2013-2014
PM_{10} konsantrasyonunun Kış Sezonu Ortalaması değerini aştığı gün sayısı	2	6	7	29	50	82

2008 ve 2013 yılları arasındaki Zonguldak'ta ölçülen ortalama PM_{10} konsantrasyonlarına bakıldığında, 2008 yılından 2010 yılana kadar bir azalma trendi mevcuttur (Tablo 4.7). Zaman serisi grafiklerindeki mevsimlik değişimlere bakıldığında yaz değerlerinin kış değerlerine kıyasla oldukça düşük olduğu görülmektedir. Dolayısıyla, partikül madde emisyonlarının başlıca kaynağı olarak kış döneminde kullanılan yakıtların tüketilmesi olduğu söylenebilir. İl Çevre ve Şehircilik Müdürlüğü tarafından yapılan denetimler ve kısmen de olsa uygulanan cezai yaptırımlar sonucunda lavvarlanmamış kömür kullanımı azaltılmaya çalışılmış ve bunun sonucunda da 2008 yılında 96 $\mu g/m^3$ olan yıllık ortalama PM_{10} değeri, 2009 yılında 80 $\mu g/m^3$ ve 2010 yılında da 65 $\mu g/m^3$ olarak belirlenmiştir. Ancak bu değer 2011 yılı için 86 $\mu g/m^3$, 2012 yılı için 71 $\mu g/m^3$ ve 2013 yılı için de 77 $\mu g/m^3$ olarak ölçülmüştür. Bununla beraber, geçiş döneminde sınır değerlerin kademeli azaltılması nedeniyle

KVS değeri 2013 yılında toplam 59 gün aşılmış ve UVS değerini aşan günlerin sayısında da son yıllarda bir artış trendi gözlenmiştir. Kış sezonu ortalamasının aşıldığı gün sayısında da geçen yıllar boyunca bir artış söz konusudur. Özetle, PM_{10} konsantrasyonu bakımından, önceki yıllarda yönetmelikler açısından temiz sayılabilecek Zonguldak ili atmosferinin geçiş döneminin sonunda doğru daha kirli olarak değerlendirilmesi gerektiği ortadadır.

Tablo 4.7. Zonguldak 2008-2013 yılları PM_{10} ölçümleri değerlendirmesi

Yıllar	2008	2009	2010	2011	2012	2013
Ortalama ($\mu g/m^3$)	96	80	65	86	71	77
Standart Sapma ($\mu g/m^3$)	44,0	42,9	33,4	38,9	36,0	42,8
Minimum ($\mu g/m^3$)	34	19	17	21	17	23
Maksimum ($\mu g/m^3$)	244	224	188	215	211	261

4.2. Coğrafi Bilgi Sistemleri

Hava kalitesi modelleme işlemini gerçekleştirebilmek için öncelikle çalışma alanı, model yazılımlarında doğru bir şekilde tanımlanmalıdır. Bunun için de çalışma alanının koordinatları, hangi datum ve projeksiyon sistemi üzerinde yer aldığı gibi bilgilerin bilinmesi gerekmektedir. Datum yeryüzünün şekilsel özelliklerine bağlı olarak herhangi bir noktanın yatay ve düşey konumunu tanımlamak için başlangıç alınan referans yüzeyi olarak tanımlanabilir. Projeksiyon ise 3 boyutlu bir küre parçasının izdüşümünü düzlem üzerinde gerçeğine uygun olarak aktarmak için kullanılan geometrik ve matematiksel proseslerdir (Turoğlu, 2011). Hava kalitesi modelleme yazılımları yeni bir proje dosyası oluştururken datum, projeksiyon ve koordinat gibi verilere ihtiyaç duyduğundan, temel düzeyde

Coğrafi Bilgi Sistemleri (CBS) konuları hakkında fikir sahibi olmak oldukça faydalı olacaktır.

Hava kalitesi modellemede, CBS kullanımının bir başka faydası ise kirletici kaynakları gösteren altlık haritaların hazırlanmasıdır. Bu çalışmada, çizgisel ve alansal kaynakları gösteren haritalar bir CBS yazılımı olan MapInfo yazılımının 12 sürümü kullanılarak hazırlanmıştır. Kirletici kaynakları gösteren altlık haritalar MapInfo ile hazırlanmış ve hava kalitesi modellerinde kullanılmak üzere shapefile (*.shp) formatına dönüştürülmüştür.

4.3. Partikül Madde (PM_{10}) Emisyon Envanteri

Emisyon envanteri, belli bir zaman periyodu içinde sınırları belirli bir alandaki tüm kirletici kaynaklar tarafından atmosfere salınan hava kirleticilerinin miktarlarının listesidir. Çalışma alanı için yapılan partikül madde (PM_{10}) emisyon envanteri ısınma, ulaşım ve sanayi tesisleri olmak üzere üç farklı kirletici grubu için hazırlanmıştır. Çalışma alanında PM_{10} kaynağı olmasına rağmen verilerine ulaşılamadığı için maden sahalarından, kömür depolama ve taşıma işlemlerinden, kaçak yakıt kullanımından ve yollardaki tozların rüzgar veya motorlu taşıtlar ile tekrar havaya kalkması ile oluşan PM_{10} emisyonları bu çalışmada yer almamıştır.

4.3.1. Isınmadan kaynaklanan PM_{10} emisyonları

Isınmadan kaynaklanan partikül madde emisyon envanteri mahalle bazında hesaplanmıştır. Zonguldak Merkez ilçesi, Kozlu ve Kilimli ilçeleri ile Çatalağzı, Muslu ve Gelik beldeleri çalışma alanı içerisinde yer almaktadır. Zonguldak Merkez ilçede Asma, Bağlık, Bahçelievler, Baştarla, Birlik, Çaydamar, Çınartepe, Dilaver, İnağzı, İncivez, Karaelmas, Meşrutiyet,

Mithatpaşa, Ontemmuz, Tepebaşı, Terakki, Yayla, Yeni ve Yeşil mahalleleri bulunmaktadır. Kilimli ilçe sınırları içerisinde kalan mahalleler Belediye Sitesi, Bölüm, Damarlı, Güney, Hisararkası, Karadon, Merkez, Çamlık ve Subatan'dır. Kozlu ilçesindeki mahalleler ise 19 Mayıs, Fatih, Merkez, Kılıç, İhsaniye, Güney ve Taşbaca mahalleleridir. Cumayanı, Doğancılar, Hacıoğlu, Kırımsa, Kokurdan, Kuzyaka ve Merkez mahalleleri ise Çatalağzı beldesinde yer almaktadır. Muslu Beldesi'ndeki mahalleler ise Cumhuriyet, Emirler ve Merkez mahalleleridir. Ayiçi, Esen, Merkez, Kırat ve Merkez Ayiçi mahalleleri ise Gelik beldesinde yer almaktadır. Gelik ve Muslu beldelerinden kaynaklanan emisyonlar bu çalışmada belde bazında değerlendirilmiştir. Çalışma alanının haritası Şekil 4.8'de gösterilmiştir. Gelik Beldesi'nin haritası temin edilemediği için belde sınırları tahmini olarak gösterilmiştir.

Çalışma alanında başlıca tüketilen yakıt taşkömürüdür. Isınma amacıyla kömür tüketiminden kaynaklanan partikül maddeler (PM_{10}) için emisyon faktörü Amarikan Çevre Koruma Örgütünün (EPA) yayınladığı ve "AP 42" olarak bilinen Hava Kirleticileri Emisyon Faktörleri'nden seçilmiştir. "Elle beslemeli" kazanlarda taşkömürü yakılması sonucunda oluşan PM_{10} için emisyon faktörü 2,815 kg/ton kömür'dür. Bu emisyon faktörünün kalitesi "E"dir. Ayrıca bazı kurumlar kalorifer yakıtı olarak fuel-oil 6 kullanmaktadır. Fuel-oil 6'nın yoğunluğu 0,9861 kg/l'dir. Fuel-oil 6 yakılmasından kaynaklanan PM_{10} için emisyon faktörü 0,236 kg/ton fuel-oil 6'dır. Bu emisyon faktörünün kalitesi ise "B"dir. Isınmadan kaynaklanan PM_{10} emisyonlarının hesaplanması için Denklem (4.1) kullanılır.

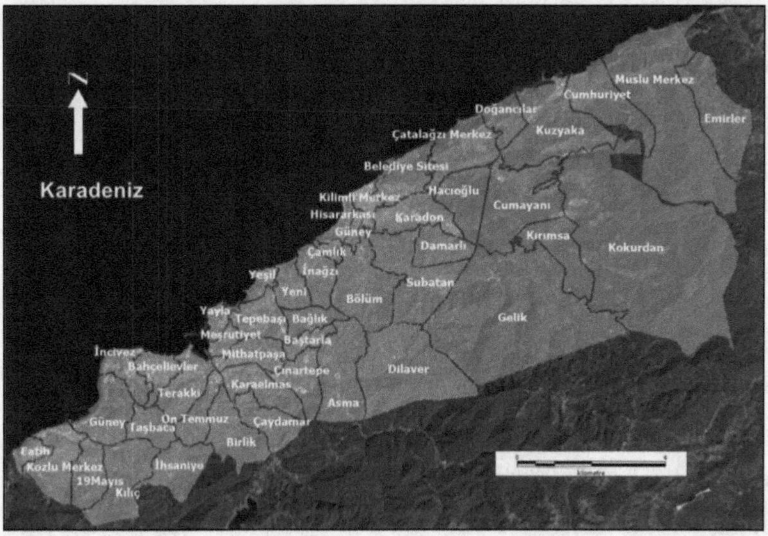

Şekil 4.8. Çalışma alanında yer alan mahallelerin haritası

$$E = A \times EF \tag{4.1}$$

Burada;

E: PM_{10} emisyonu,

A: Aktivite istatistiği (toplam yıllık yakıt tüketimi)

EF: Emisyon faktörüdür.

Isınmadan kaynaklanan PM_{10} emisyonlarının hesaplanabilmesi için mahalle bazında konut sayılarına, kömür ve fuel-oil 6 tüketim miktarlarına ihtiyaç vardır. Ayrıca, çalışma alanında bulunan kamu ve özel sektöre ait kurumların da yakıt tüketim miktarlarının bilinmesi emisyon envanterinin daha sağlıklı olmasını sağlayacaktır. Bu nedenle, öncelikle kömür ve fuel-oil 6 tüketen kurumlara ait verilere ulaşılmıştır. Bülent Ecevit Üniversitesi'ne ait veriler hariç diğer verilerin tümü, Zonguldak İl Çevre ve Şehircilik Müdürlüğü vasıtasıyla temin edilmiştir.

Kömür tüketen kamu kurumlarının verileri Ek-A'da Tablo A.1'de verilmiştir. Tablo A.1'de verilen bazı rakamlar italik olarak gösterilmiştir. Elde edilen tüketim değerlerinden bazıları genel toplamı gösterdiği için italik olarak gösterilen bu rakamlar mühendislik karar vermesiyle belirlenmiştir. Örneğin, Atatürk Devlet Hastanesi, Atatürk Devlet Hastanesi Site Ek Bina, Kozlu Polikliniği ve Kilimli Polikliniği için toplam kömür tüketim değerinin yıllık 1200 ton olduğu bilgisi elde edilmiştir. Bu kurumların kapasiteleri göz önünde bulundurularak Atatürk Devlet Hastanesi için kömür tüketiminin 650 ton/yıl, Atatürk Devlet Hastanesi Site Ek Binası için kömür tüketiminin 350 ton/yıl, Kozlu ve Kilimli Poliklinikleri için de 100'er ton/yıl kömür tüketiminin olacağına karar verilmiştir. Envanteri mahalle bazında hesaplayabilmek için, aynı mahallede yer alan kömür tüketim miktarları toplanmıştır. Kilimli ilçesi Merkez mahallesi için partikül madde miktarının Denklem (4.1) ile hesaplanışı örnek olarak aşağıda gösterilmiştir. Mahalle bazında özetlenen kömür tüketim değerleri ve benzer şekilde hesaplanan PM_{10} emisyon miktarları da Tablo 4.8'de yer almaktadır. Özel sektöre ait kurumlardaki kömür tüketim değerleri Tablo A.2'de verilmiştir. Mahalle bazında özetlenen kömür kullanım miktarları ve hesaplanan PM_{10} değerleri de Tablo 4.9'da sunulmuştur. Fuel-Oil 6 tüketen kurumların yakıt tüketim değerleri de Tablo A.3'de verilmiş ve bu tablonun da mahalle bazında özetlenmesi sonucunda hesaplanan PM_{10} emisyonları ise Tablo 4.10'da yer almaktadır.

Kilimli merkez mahallesine ait PM_{10} emisyonunun hesaplanması:

$$PM_{10}=200\left(\frac{\text{ton}}{\text{yıl}}\right)x2,185\left(\frac{\text{kg}}{\text{ton}}\right)x10^{-3}\left(\frac{\text{ton}}{\text{kg}}\right)=0,56\left(\frac{\text{ton}}{\text{yıl}}\right)$$

Tablo 4.8. Kömür tüketen kamu kurumlarına ait PM_{10} emisyon envanteri

İlçe/Belde	Mahalle	Kömür Tüketimi (ton/yıl)	PM_{10} Emisyonu (ton/yıl)
Kilimli	Merkez	200	0,56
	Karadon	1330	3,74
Kozlu	Fatih	30	0,08
	Güney	1050	2,96
Zonguldak	Asma	40	0,11
	Bahçelievler	839	2,36
	Baştarla	880	2,48
	Çaydamar	50	0,14
	İncivez	220	0,62
	Meşrutiyet	1062,5	2,99
	Mithatpaşa	754,5	2,12
	On Temmuz	65	0,18
	Terakki	217	0,61
	Yayla	355	1,00
Toplam		7093	19,95

Tablo 4.9. Kömür tüketen özel sektöre ait PM_{10} emisyon envanteri

İlçe/Belde	Mahalle	Kömür Tüketimi (ton/yıl)	PM_{10} Emisyonu (ton/yıl)
Zonguldak	Meşrutiyet	371	1,04
	Mithatpaşa	455	1,28
	Terakki	305	0,86
	Yayla	200	0,56
Toplam		1331	3,74

Tablo 4.10. Fuel-Oil 6 tüketen kurumlara ait PM_{10} emisyon envanteri

İlçe/Belde	Mahalle	Fuel Oil-6 Tüketim (ton/yıl)	PM_{10} Emisyonu (ton/yıl)
Zonguldak	İncivez	497	0,12
	Meşrutiyet	64,5	0,02
	Mithatpaşa	160	0,04
Toplam		721,5	0,18

Çalışma alanındaki okullarda tüketilen kömür nedeniyle oluşan PM_{10} emisyonunun hesaplanması için de her okulda tüketilen kömür miktarına ve bu okulların hangi mahalle sınırı içerisinde yer aldığının bilgisine ihtiyaç vardır. Ancak, yakıt tüketim verileri okullar için ayrı ayrı elde edilememiştir. Zonguldak Çevre ve Şehircilik Müdürlüğü'nden elde edilen bilgilere göre çalışma alanındaki tüm okullardaki toplam kömür kullanım miktarı 3100 ton/yıl'dır. Bu değeri mahalle bazında uygun bir şekilde dağıtabilmek için çalışma alanındaki tüm okulların listesi, okulların adresleri ve öğrenci sayıları Milli Eğitim Bakanlığı'nın web sayfasından (http://zonguldak.meb.gov.tr/kurumlar.asp) alınmıştır. Toplam kömür tüketim değeri olan 3100 ton/yıl değeri öğrenci sayılarına göre oranlanarak okullara dağıtılmıştır. İlgili web sayfasında, bazı okulların adres bilgisinde hangi mahallede yer aldığı belirtilmemiştir. Bu durumda da MapInfo yazılımı kullanılarak hazırlanan mahalle haritaları Google Earth yazılımına aktarılmış ve okulların hangi mahallede yer aldığı bu şekilde tespit edilmiştir. Sonuçta okullarda kömür kullanımına ait değerler Tablo A.4'de gösterilmiştir. Mahalle bazında toplam yakıt tüketimleri ve hesaplanan PM_{10} emisyonları da Tablo 4.11'de sunulmuştur.

Kamu ve özel sektöre ait kurumlar ve okullardaki yakıt tüketimi sonucunda atmosfere salınan PM_{10} miktarlarının hesaplanmasından sonra sıra konutlardan kaynaklı PM_{10} emisyonlarına gelmektedir. Çalışma alanındaki 3 ilçe ve 3 beldedeki konut sayıları ve tüketilen kömür miktarı bilgileri Zonguldak İl Çevre Şehircilik Müdürlüğü vasıtasıyla ilgili belediyelerden resmi yazı ile temin edilmiştir. Zonguldak Belediyesi konut başına kömür tüketiminin 3-4 ton/yıl arasında olduğunu bildirilmiştir. Kilimli Belediyesine göre konut başına kömür tüketimi 3 ton/yıl'dır. Çatalağzı Belediyesi'nden elde edilen bilgilere göre bu beldede kaloriferli konutlarda yıllık kömür tüketimi 6 ton, sobalı konutlarda da yıllık kömür tüketimi 5 tondur. Muslu Belediyesi kaloriferli konutlarda konut başına 10 ton, sobalı konutlarda da konut başına 3 ton kömür tüketiminin olduğunu belirtmiştir.

Gelik Belediyesi'nin kömür tüketim değerleri ise elde edilememiştir. Kozlu Belediyesi ise konut başına tüketilen kömür miktarını vermek yerine mahalle bazında tüketilen toplam kömür miktarlarını vermiştir. Ancak, kömür tüketim değerleri konut sayılarına oranlandığı zaman ortalama bulunan değerler oldukça tutarsız ve güvenilmez sonuçlar vermiştir. Beş belediyenin de verdiği tüketim rakamlarının birbirinden farklı olması nedeniyle bu çalışmada, 2008 yılında çalışma alanında yapılmış olan bir anketin sonucunda elde edilen kömür tüketim değerleri kullanılmıştır. Yapılan anket çalışmasında, Zonguldak Merkez'de 220 kişi ile yüz yüze görüşülerek kömür tüketim anketi yapılmıştır. Bu çalışmanın sonuçlarına göre, konut başına ortalama kömür tüketimi 3,83 ton/yıl olarak bulunmuştur. Bu rakamın sobalı evler için 3,37 ton/yıl, kaloriferli evler için de 4,30 ton/yıl olduğu bildirilmiştir (Zeydan, 2008). Emisyon hesaplarında, konut sayılarının sobalı ve kaloriferli olarak ayrı ayrı verildiği durumlarda yıllık kömür tüketim değeri olarak 3,37 ton/yıl ve 4,30 ton/yıl değerleri, ısıtma türünün belli olmadığı durumlarda da 3,83 ton/yıl değeri kullanılmıştır.

Tablo 4.11. Okullarda kömür tüketimi ve PM_{10} emisyon envanteri

İlçe/Belde	Mahalle	Kömür tüketimi (ton/yıl)	PM_{10} (ton/yıl)
Çatalağzı	Hacıoğlu	40,64	0,11
	Merkez	56,08	0,16
Kilimli	Belediye Sitesi	47,79	0,13
	Bölüm	56,81	0,16
	Çamlık	19,39	0,05
	Güney	53,49	0,15
	Hisararkası	41,67	0,12
	Karadon	63,65	0,18
	Merkez	151,97	0,43

Tablo 4.11. (Devam) Okullarda kömür tüketimi ve PM_{10} emisyon envanteri

İlçe/Belde	Mahalle	Kömür tüketimi (ton/yıl)	PM_{10} (ton/yıl)
Kozlu	19 Mayıs	69,87	0,20
	Fatih	243,09	0,68
	Güney	110,20	0,31
	İhsaniye	42,19	0,12
	Kılıç	26,33	0,07
	Merkez	110,61	0,31
	Taşbaca	12,03	0,03
Muslu		15,65	0,04
Gelik		55,88	0,16
Zonguldak	Bahçelievler	369,98	1,04
	Baştarla	50,80	0,14
	Birlik	104,29	0,29
	Çınartepe	70,18	0,20
	Dilaver	22,70	0,06
	İnağzı	51,31	0,14
	İncivez	55,67	0,16
	Karaelmas	148,34	0,42
	Meşrutiyet	48,83	0,14
	Mithatpaşa	188,57	0,53
	Ontemmuz	35,25	0,10
	Tepebaşı	118,28	0,33
	Terakki	45,51	0,13
	Yayla	499,56	1,41
	Yeni	34,52	0,10
	Yeşil	38,87	0,11
Toplam		3100,00	8,73

Zonguldak Merkez'de yer alan mahallelerdeki konut sayıları Tablo 4.12'de gösterilmiştir. Evsel ısınma amacıyla tüketilen kömür miktarı kullanılarak Denklem (4.1) yardımıyla PM_{10} emisyonları hesaplanmıştır. Örnek olarak, Asma Mahallesi için PM_{10} emisyonunun hesaplanışı aşağıda verilmiştir. Diğer mahalleler için de emisyonlar aynı yöntemle hesaplanmış olup sonuçlar yine Tablo 4.12'de sunulmuştur.

Asma Mahallesi PM_{10} emisyon miktarının hesaplanması:

Kömür tüketimi = konut sayısı × konut başına kömür tüketimi

$$\text{Kömür tüketimi} = \left(1292 \text{ konut x } 3{,}83 \left(\frac{\text{ton}}{\text{yılxkonut}}\right)\right) = 4948{,}4 \left(\frac{\text{ton}}{\text{yıl}}\right)$$

PM_{10} emisyonu = kömür tüketimi × emisyon faktörü

$$PM_{10} \text{ emisyonu} = 4984{,}4 \left(\frac{\text{ton}}{\text{yıl}}\right) \text{x} 2{,}815 \left(\frac{\text{kg}}{\text{ton}}\right) \text{x} 10^{-3} \left(\frac{\text{ton}}{\text{kg}}\right) = 13{,}93 \left(\frac{\text{ton}}{\text{yıl}}\right)$$

Kilimli ilçesindeki mahallelerdeki konut sayıları, konutlardaki toplam kömür tüketim değerleri ve PM_{10} emisyonları ise Tablo 4.13'de yer almaktadır.

Tablo 4.12. Zonguldak'ta ısınma amacıyla tüketilen yakıtlar ve PM_{10} emisyonları

Mahalle Adı	Konut Sayısı	Kömür Tüketimi (ton/yıl)	PM_{10} Emisyonu (ton/yıl)
Asma	1292	4948,4	13,93
Bağlık	674	2581,4	7,27
Bahçelievler	6914	26480,6	74,54
Baştarla	1458	5584,1	15,72
Birlik	1807	6920,8	19,48
Çaydamar	1725	6606,8	18,60
Çınartepe	1031	3948,7	11,12
Dilaver	729	2792,1	7,86
İnağzı	1202	4603,7	12,96
İncivez	1125	4308,8	12,13
Karaelmas	4193	16059,2	45,21
Meşrutiyet	4347	16649,0	46,87
Mithatpaşa	3860	14783,8	41,62
Ontemmuz	2068	7920,4	22,30
Tepebaşı	4632	17740,6	49,94
Terakki	5512	21111,0	59,43
Yayla	559	2141,0	6,03
Yeni	2096	8027,7	22,60
Yeşil	2045	7832,4	22,05
Toplam	47269	181040,3	509,66

Tablo 4.13. Kilimli'de ısınma amacıyla tüketilen yakıtlar ve PM_{10} emisyonları

Mahalle Adı	Konut Sayısı	Kömür Tüketimi (ton/yıl)	PM_{10} Emisyonu (ton/yıl)
Belediye Sitesi	2176	8334,1	23,46
Bölüm	1495	5725,9	16,12
Çamlık	927	3550,4	9,99
Damarlı	504	1930,3	5,43
Güney	851	3259,3	9,18
Hisararkası	1650	6319,5	17,79
Karadon	1992	7629,4	21,48
Merkez	2924	11198,9	31,52
Subatan	1062	4067,5	11,45
Toplam	13581	52015,2	146,42

Kozlu Belediyesi sınırları içerisinde yer alan konutların verileri kaloriferli ve sobalı konut sayıları olmak üzere Tablo 4.14'te verilmiştir. Kömür tüketimleri sobalı evler için 3,37 ton/yıl ve kaloriferli evler için de 4,30 ton/yıl değerleri kullanılarak her bir mahalle için toplam kömür tüketim değerleri hesaplanmıştır. Denklem (4.1) yardımıyla da PM_{10} emisyonları hesaplanmış ve bulunan değerler Tablo 4.14'te sunulmuştur.

Tablo 4.14. Kozlu'da ısınma amacıyla tüketilen yakıtlar ve PM_{10} emisyonları

Mahalle Adı	Konut Sayısı		Kömür Tüketimi (ton/yıl)			PM_{10} Emisyonu (ton/yıl)
	Kaloriferli	Sobalı	Kaloriferli	Sobalı	Toplam	
19 Mayıs	200	2700	860,0	9099,0	9959,0	28,03
Fatih	4300	250	18490,0	842,5	19332,5	54,42
Güney	1000	4000	4300,0	13480,0	17780,0	50,05
İhsaniye	10	2630	43,0	8863,1	8906,1	25,07
Kılıç	50	1700	215,0	5729,0	5944,0	16,73
Merkez	1800	7000	7740,0	23590,0	31330,0	88,19
Taşbaca	20	1680	86,0	5661,6	5747,6	16,18
Toplam	7380	19960	31734,0	67265,2	98999,2	278,67

Çatalağzı Beldesi'nde bulunan mahallelerdeki kaloriferli ve sobalı konutların sayıları ise Tablo 4.15'te yer almaktadır. Kömür tüketim miktarları Kozlu ile benzer şekilde hesaplanmıştır. Emisyon miktarları da Denklem (4.1) ile hesaplanmış ve sonuçlar Tablo 4.15'te gösterilmiştir.

Tablo 4.15. Çatalağzı'nda ısınma amacıyla tüketilen yakıtlar ve PM_{10} emisyonları

Mahalle Adı	Konut Sayısı		Kömür Tüketimi (ton/yıl)			PM_{10} Emisyonu (ton/yıl)
	Kaloriferli	Sobalı	Kaloriferli	Sobalı	Toplam	
Cumayanı	90	536	387,0	1806,3	2193,3	6,17
Doğancılar	40	552	172,0	1860,2	2032,2	5,72
Hacıoğlu	25	508	107,5	1712,0	1819,5	5,12
Kırımsa	10	208	43,0	701,0	744,0	2,09
Kokurdan	5	270	21,5	909,9	931,4	2,62
Kuzyaka	200	199	860,0	670,6	1530,6	4,31
Merkez	500	1201	2150,0	4047,4	6197,4	17,45
Toplam	870	3474	3741,0	11707,4	15448,4	43,48

Muslu Beldesi'nde bulunan kaloriferli ve sobalı konutların sayıları ise Tablo 4.16'da yer almaktadır. Bu beldede 3 tane mahalle yer almasına rağmen kömür kullanım istatistikleri belde bazında temin edildiğinden envanter ve modelleme çalışmasında da hesaplamalar beldenin geneli üzerinden yapılmış ve mahalle detayına inilmemiştir. Kömür tüketim miktarları Kozlu ile benzer şekilde hesaplanmıştır. Emisyon miktarları da Denklem (4.1) ile hesaplanmış ve sonuçlar Tablo 4.16'da sunulmuştur.

Tablo 4.16. Muslu'da ısınma amacıyla tüketilen yakıtlar ve PM_{10} emisyonları

Belde Adı	Konut Sayısı		Kömür Tüketimi (ton/yıl)			PM_{10} Emisyonu (ton/yıl)
	Kaloriferli	Sobalı	Kaloriferli	Sobalı	Toplam	
Muslu	37	997	159,1	3359,9	3519,0	9,91

Çalışma alanındaki tüketilen kömür miktarlarına bakıldığında Zonguldak Merkez'de 188736,96 ton/yıl, Kilimli'de 53979,97 ton/yıl, Kozlu'da 100693,52 ton/yıl, Çatalağzı'nda 15545,12 ton/yıl ve Muslu'da da 3534,65 ton/yıl olduğu hesaplanmıştır. Gelik Beldesi'ndeki toplam konut sayısı bilinmediğinden kömür tüketim değeri hesaplanamamıştır. Bu beldede, sadece okullarda tüketilen 55,88 ton/yıl kömür tüketim değeri mevcuttur. İlçeler ve beldeler bazında kömür tüketimlerini gösteren değerler Tablo A.5'de sunulmuştur. Yapılan hesaplamalar sonucunda kullanılan toplam kömür miktarının 362546,1 ton/yıl olduğu belirlenmiştir. Ayrıca, çalışma alanında ısınma amacıyla yılda 721,5 ton fuel-oil 6'da yakıt olarak kullanılmaktadır.

Evsel ısınma, kamu ve özel sektöre ait kurumların ısıtılması ve okullarda tüketilen yakıt miktarları sonucunda ortaya çıkan PM_{10} değerleri mahalleler bazında toplanarak hava kalitesi modeline girilecek emisyon miktarları hesaplanmıştır. Zonguldak için hesaplanan PM_{10} emisyon envanteri sonuçları Tablo 4.17'de gösterilmiştir. Benzer şekilde Kilimli için hesaplanan değerler Tablo 4.18'de, Kozlu için hesaplanan değerler Tablo 4.19'da ve Çatalağzı için hesaplanan değerler de Tablo 4.20'de sunulmuştur. Tablo 4.21'de ise Muslu ve Gelik beldeleri için hesaplanan PM_{10} değerleri görülmektedir. Gelik Beldesi'nde konut sayıları bulunmadığı için bu beldedeki PM_{10} emisyonu Gelik nüfusunun (3363 kişi) Muslu nüfusuna (2012 kişi) oranlanması ile elde edilmiştir. Ayrıca, hesaplanan emisyon miktarları hava kalitesi modeline g/sn biriminden girileceği için gerekli birim dönüşümü de yapılmıştır. Birim dönüşümü yapılırken soba ve kaloriferlerin yakılmasına yasal olarak izin verilen 212 günlük dönem (15 Ekim - 15 Mayıs arası) hesaplamalarda dikkate alınmıştır. Diğer bir değişle yılın sadece 212 gününde konut ısınması yapıldığından birim dönüşümü de 212 gün üzerinden yapılmaktadır. Zonguldak Merkez'de yer alan Asma mahallesi için birim dönüşüm hesabı aşağıda gösterilmiştir. Diğer birim dönüşümleri de benzer şekilde yapılmıştır.

(ton/yıl)'dan (g/sn)'ye birim dönüşümü:

$$\left(\frac{ton}{yıl}\right)=\left(\frac{ton}{yıl}\right)x\left(\frac{10^6 g}{ton}\right)x\left(\frac{1yıl}{212gün}\right)x\left(\frac{1gün}{24saat}\right)x\left(\frac{1saat}{60dakika}\right)x\left(\frac{1dakika}{60saniye}\right)x\left(\frac{ton}{yıl}\right)x0{,}0546=\left(\frac{g}{sn}\right)$$

Asma Mahallesi PM_{10} emisyonu:

$$PM_{10}\ emisyonu=14{,}04\frac{ton}{yıl}x0{,}0546=0{,}76658\frac{g}{sn}$$

Tablo 4.17. Zonguldak'taki PM_{10} emisyon envanteri sonuçları

Mahalle Adı	PM_{10} Emisyonu (ton/yıl)						PM_{10} (g/s)
	Evsel Kömür	Kamu Kömür	Özel Sektör Kömür	Fuel-Oil 6	Okullar	Toplam	
Asma	13,93	0,11				14,04	0,76658
Bağlık	7,27					7,27	0,39694
Bahçelievler	74,54	2,36			1,04	77,94	4,25552
Baştarla	15,72	2,48			0,14	18,34	1,00136
Birlik	19,48				0,29	19,77	1,07944
Çaydamar	18,60	0,14				18,74	1,02320
Çınartepe	11,12				0,2	11,32	0,61807
Dilaver	7,86				0,06	7,92	0,43243
İnağzı	12,96				0,14	13,10	0,71526
İncivez	12,13	0,62		0,12	0,16	13,03	0,71144
Karaelmas	45,21				0,42	45,63	2,49140
Meşrutiyet	46,87	2,99	1,04	0,02	0,14	51,06	2,78788
Mithatpaşa	41,62	2,12	1,28	0,04	0,53	45,59	2,48921
Ontemmuz	22,30	0,18			0,10	22,58	1,23287
Tepebaşı	49,94				0,33	50,27	2,74474
Terakki	59,43	0,61	0,86		0,13	61,03	3,33224
Yayla	6,03	1,00	0,56		1,41	9,00	0,49140
Yeni	22,60				0,10	22,70	1,23942
Yeşil	22,05				0,11	22,16	1,20994
Toplam	509,66	12,61	3,74	0,18	5,30	531,49	

Tablo 4.18. Kilimli'deki PM_{10} emisyon envanteri sonuçları

Mahalle Adı	PM_{10} Emisyonu (ton/yıl)				PM_{10} (g/s)
	Evsel Kömür	Kamu Kömür	Okullar	Toplam	
Belediye Sitesi	23,46		0,13	23,59	1,28801
Bölüm	16,12		0,16	16,28	0,88889
Çamlık	9,99		0,05	10,04	0,54818
Damarlı	5,43			5,43	0,29648
Güney	9,18		0,15	9,33	0,50942
Hisararkası	17,79		0,12	17,91	0,97789
Karadon	21,48	3,74	0,18	25,40	1,38684
Merkez	31,52	0,56	0,43	32,51	1,77505
Subatan	11,45			11,45	0,62517
Toplam	146,42	4,30	1,22	151,94	

Tablo 4.19. Kozlu'daki PM_{10} emisyon envanteri sonuçları

Mahalle Adı	PM_{10} Emisyonu (ton/yıl)				PM_{10} (g/s)
	Evsel Kömür	Kamu Kömür	Okullar	Toplam	
19 Mayıs	28,03		0,20	28,23	1,54136
Fatih	54,42	0,08	0,68	55,18	3,01283
Güney	50,05	2,96	0,31	53,32	2,91127
İhsaniye	25,07		0,12	25,19	1,37537
Kılıç	16,73		0,07	16,80	0,91728
Merkez	88,19		0,31	88,50	4,83210
Taşbaca	16,18		0,03	16,21	0,88507
Toplam	278,67	3,04	1,72	283,43	

Tablo 4.20. Çatalağzı'ndaki PM_{10} emisyon envanteri sonuçları

Mahalle Adı	PM_{10} Emisyonu (ton/yıl)			PM_{10} (g/s)
	Evsel Kömür	Okullar	Toplam	
Cumayanı	6,17		6,17	0,33688
Doğancılar	5,72		5,72	0,31231
Hacıoğlu	5,12	0,11	5,23	0,28556
Kırımsa	2,09		2,09	0,11411
Kokurdan	2,62		2,62	0,14305
Kuzyaka	4,31		4,31	0,23533
Merkez	17,45	0,16	17,61	0,96151
Toplam	43,48	0,27	43,75	

Tablo 4.21. Muslu ve Gelik'teki PM_{10} emisyon envanteri sonuçları

Belde Adı	PM_{10} Emisyonu (ton/yıl)			PM_{10}
	Evsel Kömür	Okullar	Toplam	(g/s)
Muslu	9,91	0,04	9,95	0,54327
Gelik	16,56	0,16	16,72	0,91291

Envanter sonucunda, ısınma amacıyla yakıt tüketiminden kaynaklı PM_{10} emisyonları ise Zonguldak Merkez'de 531,49 ton/yıl, Kilimli'de 151,94 ton/yıl, Kozlu'da 283,43 ton/yıl, Çatalağzı'nda da 43,75 ton/yıl, Muslu'da 9,95 ton/yıl ve Gelik'de ise 16,72 ton/yıl olduğu hesaplanmıştır. Çalışma alanındaki ısınma faaliyetleri sonucunda bir yılda (kış sezonunda) atmosfere salınan toplam PM_{10} emisyon miktarının da 1037,28 ton olduğu belirlenmiştir.

4.3.2. Ulaşımdan kaynaklanan PM_{10} emisyonları

Çalışma alanındaki PM_{10} emisyon kaynağı olan ulaşım türlerini iki gruba ayırmak mümkündür: limandaki gemiler ve karayollarındaki motorlu taşıtlar. Zonguldak Limanı'ndaki gemi faaliyetleri sonucu atmosfere salınan PM_{10} miktarı 8,40 yon/yıl olarak bir başka çalışmada (Kocabaş ve diğ., 2012) hesaplanmıştır. Dolayısıyla, bu çalışmada limandan kaynaklanan emisyonlar ile ilgili yeni bir hesap yapılmamış ve bu değer aynen kullanılmıştır. Zonguldak Liman'ından kaynaklı PM_{10} emisyonu hava kalitesi modeline girebilmek için (g/s) biriminden emisyon miktarının hesaplanması gerekmektedir. Bu birim dönüşümü, alansal kaynaklardaki birim dönüşümü ile aynı şekilde yapılmıştır. Ancak, buradaki tek fark 1 yılı 212 gün yerine (kış sezonu) 365 gün olarak kabul edilmesi gerektiğidir. Bu nedenle (ton/yıl) değeri 0,0317 ile çarpılarak (g/s) değeri elde edilebilir.

Zonguldak Limanı: $PM_{10}=8,10\frac{\text{ton}}{\text{yıl}}x0,0317=0,26628\frac{\text{g}}{\text{sn}}$

Motorlu taşıtlardan kaynaklanan PM_{10} emisyonlarının belirlenebilmesi için çalışma alanında yer alan toplam 11 anayolda araç sayımları yapılmıştır. Sayım yapılan güzergâhların haritası Şekil 4.9'da gösterilerek yollar numaralandırılmıştır. Numaralandırılan bu yolların adları, yol uzunlukları ve genişlikleri de Tablo 4.22'de verilmiştir. Ortalama yol genişlikleri Google Earth yazılımı ile belirlenmiştir. Envanter çalışması hazırlanan güzergahların toplam uzunluğu 32,2 km'dir. Araç sayımlarının yapıldığı tarihler 12.06.2013 ile 20.06.2013 tarihleri arasını kapsamaktadır. Araç sayımları, her anayol için 15'er dakika olmak üzere sabah, öğle ve akşam saatlerinde toplamda 2 gün boyunca yapılmıştır. Her bir güzergah için elde edilen 1,5 saatlik araç sayıları 8 ile çarpılarak toplamda 12 saatlik araç sayıları elde edilmiştir. Zonguldak'ta özellikle akşam saatlerinde şehirdeki pek çok iş yerinin kapanması ve bu saatlerden sonra çok az sayıda toplu taşıma aracının hizmet vermesi nedeniyle şehirde trafik yok denecek kadar az olmaktadır. Bu nedenle 12 saatlik araç sayılarını günlük olarak kabul etmek mümkündür. Ayrıca, yaz ve kış dönemlerinde Zonguldak trafiğinde önemli bir farklılık olmadığından hesaplanan taşıt sayılarını tüm yılı kapsayacak şekilde kullanmak da olasıdır.

Araç sayımları yapılırken karşılaşılan en önemli sorunlardan biri de otomobillerdeki yakıt tüketimine göre sınıflandırmanın yapılmasıdır. Otomobilleri benzinli, dizel ve LPG'li olmak üzere 3 gruba ayırmak, emisyon envanterinin doğruluğu açısından çok büyük önem arz etmektedir. Bu çalışmada PM_{10} emisyon envanteri hazırlandığı için dizel yakıt tüketen araç sayılarının bilinmesi gerekmektedir. Araç sayımları yapılırken çekilen videolar, otomobiller konusunda uzman olan Çevre Mühendisi Salih Abdullah ARIK tarafından izlenerek dizel yakıt tüketen araçların sayıları belirlenmiştir.

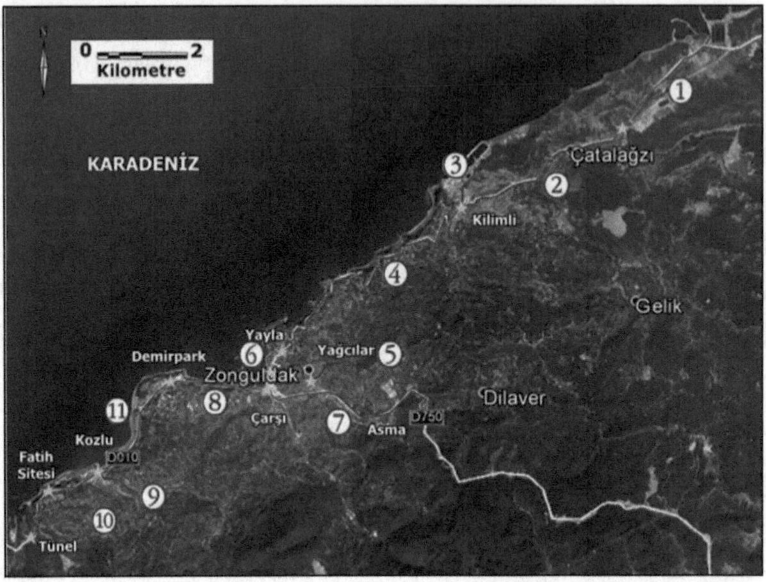

Şekil 4.9. Motorlu taşıtlar emisyon envanteri hazırlanan yol güzergahları

Tablo 4.22. Motorlu taşıtlar emisyon envanteri hazırlanan yollara ait özellikler

Yol numarası	İstikamet	Mesafe (km)	Ortalama Yol Genişliği (m)
1	Çatalağzı İçi	3,0	8,5
2	Çatalağzı - Kilimli	3,5	7,0
3	Kilimli İçi	1,0	10,0
4	Kilimli - Yayla	6,8	7,0
5	Yağcılar İçi	2,5	8,0
6	Valilik - Yayla	0,9	9,0
7	Çarşı - Asma	5,0	10,0
8	Çarşı - Demirpark	2,0	13,0
9	Kozlu İçi	1,0	12,0
10	Fatih Sitesi İçi	1,5	8,5
11	Demirpark - Tünel	5,0	14,0
	Toplam	32,2	

Çalışma alanındaki yolların büyük çoğunluğu il merkezinde yer almakta ve güzergâhlar üzerinde çok sayıda trafik ışığı bulunmaktadır. Ayrıca, Trafik

Ekipleri tarafından da sürekli olarak radarla hız kontrolü yapıldığından ortalama taşıt hızı 50 km/sa olarak kabul edilmiştir. Çalışma alanındaki motorlu taşıtlardan kaynaklanan PM_{10} emisyonlarının hesaplanabilmesi için gerekli olan emisyon faktörleri, Kocaeli ilinde Çetin ve diğ. (2007) tarafından yapılmış olan bir çalışmadaki emisyon faktörlerinden alınmıştır. Çalışmada kullanılan PM_{10} emisyon faktörleri (EF) Tablo 4.23'de listelenmiştir.

Tablo 4.23. Motorlu taşıtlar için PM_{10} emisyon faktörleri (Araç hızı 50 km/sa.)

Taşıt Türü	PM_{10} Emisyon Faktörleri (g/km)
Otomobil (dizel)	0,21
Minibüs	0,21
Kamyonet	0,21
Kamyon	0,56
Tır	0,72
Otobüs	0,52

Çalışma alanındaki PM_{10} emisyonlarının hesaplanmasında Denklem (4.2)'de gösterilen formül kullanılmıştır. Çatalağzı içi hattında dizel otomobillerden kaynaklanan PM_{10} emisyonunun hesaplanması örnek olarak aşağıda verilmiştir. Her bir taşıt türünden kaynaklanan emisyonlar da benzer şekilde hesaplanmış olup tablolarda emisyon miktarları verilmiştir. Toplam 11 güzergah için hesaplanan PM_{10} emisyonları Tablo 4.24'ten Tablo 4.34'e kadar sırayla gösterilmiştir.

$$E = A \times S \times EF \qquad (4.2)$$

Burada;

E: Emisyon miktarı

A: Araç sayısı

S: Seyahat mesafesi

EF: Emisyon faktörüdür.

Çatalağzı içi (Hat 1) için dizel otomobillerden kaynaklanan emisyonların hesaplanması:

PM_{10} Emisyonu = 656 (araç/gün) × 3 (km) × 0,21 (g/km) = 413,3 (g/gün)

Tablo 4.24. Çatalağzı içi (Hat 1 – 3 km) araç sayıları ve PM_{10} emisyonları

Araç Türü	Araç Sayısı (gün)	PM_{10} EF	PM_{10} Emisyonu (g/gün)
Dizel Otomobil	656	0,21	413,3
Minibüs	176	0,21	110,9
Kamyonet	144	0,21	90,7
Kamyon	152	0,56	255,4
Tır	232	0,72	501,1
Toplam			1371,4

Tablo 4.25. Çatalağzı - Kilimli (Hat 2 – 3,5 km) araç sayıları ve PM_{10} emisyonları

Araç Türü	Araç Sayısı (gün)	PM_{10} EF	PM_{10} Emisyonu (g/gün)
Dizel Otomobil	560	0,21	411,6
Minibüs	136	0,21	100,0
Kamyonet	96	0,21	70,6
Kamyon	160	0,56	313,6
Tır	248	0,72	625,0
Toplam			1520,7

Tablo 4.26. Kilimli içi (Hat 3 – 1 km) araç sayıları ve PM_{10} emisyonları

Araç Türü	Araç Sayısı (gün)	PM_{10} EF	PM_{10} Emisyonu (g/gün)
Dizel Otomobil	1632	0,21	342,7
Minibüs	1048	0,21	220,1
Kamyonet	360	0,21	75,6
Kamyon	296	0,56	165,8
Tır	424	0,72	305,3
Toplam			1109,4

Tablo 4.27. Kilimli - Yayla (Hat 4 – 6,8 km) araç sayıları ve PM_{10} emisyonları

Araç Türü	Araç Sayısı (gün)	PM_{10} EF	PM_{10} Emisyonu (g/gün)
Dizel Otomobil	2024	0,21	2890,3
Minibüs	1056	0,21	1508,0
Kamyonet	280	0,21	399,8
Kamyon	168	0,56	639,7
Tır	200	0,72	979,2
Toplam			6417,0

Tablo 4.28. Yağcılar içi (Hat 5 – 2,5 km) araç sayıları ve PM_{10} emisyonları

Araç Türü	Araç Sayısı (gün)	PM_{10} EF	PM_{10} Emisyonu (g/gün)
Dizel Otomobil	560	0,21	294,0
Minibüs	184	0,21	96,6
Kamyonet	96	0,21	50,4
Kamyon	160	0,56	224,0
Tır	184	0,72	331,2
Toplam			996,2

Tablo 4.29. Valilik - Yayla (Hat 6 – 0,9 km) araç sayıları ve PM_{10} emisyonları

Araç Türü	Araç Sayısı (gün)	PM_{10} EF	PM_{10} Emisyonu (g/gün)
Dizel Otomobil	6504	0,21	1229,3
Minibüs	2200	0,21	415,8
Kamyonet	1416	0,21	267,6
Toplam			1912,7

Tablo 4.30. Çarşı - Asma (Hat 7 – 5 km) araç sayıları ve PM_{10} emisyonları

Araç Türü	Araç Sayısı (gün)	PM_{10} EF	PM_{10} Emisyonu (g/gün)
Dizel Otomobil	2376	0,21	2494,8
Minibüs	1072	0,21	1125,6
Kamyonet	600	0,21	630,0
Kamyon	728	0,56	2038,4
Tır	640	0,72	2304,0
Otobüs	400	0,52	1040,0
Toplam			9632,8

Tablo 4.31. Çarşı - Demirpark (Hat 8 – 2 km) araç sayıları ve PM_{10} emisyonları

Araç Türü	Araç Sayısı (gün)	PM_{10} EF	PM_{10} Emisyonu (g/gün)
Dizel Otomobil	2080	0,21	873,6
Minibüs	2136	0,21	897,1
Kamyonet	1168	0,21	490,6
Kamyon	816	0,56	913,9
Tır	688	0,72	990,7
Otobüs	496	0,52	515,8
Toplam			4681,8

Tablo 4.32. Kozlu içi (Hat 9 – 1 km) araç sayıları ve PM_{10} emisyonları

Araç Türü	Araç Sayısı (gün)	PM_{10} EF	PM_{10} Emisyonu (g/gün)
Dizel Otomobil	2072	0,21	435,1
Minibüs	816	0,21	171,4
Kamyonet	640	0,21	134,4
Kamyon	560	0,56	313,6
Tır	176	0,72	126,7
Otobüs	208	0,52	108,2
Toplam			1289,4

Tablo 4.33. Fatih sitesi içi (Hat 10 – 1,5 km) araç sayıları ve PM_{10} emisyonları

Araç Türü	Araç Sayısı (gün)	PM_{10} EF	PM_{10} Emisyonu (g/gün)
Dizel Otomobil	1976	0,21	622,4
Minibüs	968	0,21	304,9
Kamyonet	904	0,21	284,8
Kamyon	472	0,56	396,5
Tır	224	0,72	241,9
Toplam			1850,5

Tablo 4.34. Demirpark - Tünel (Hat 11 – 5 km) araç sayıları ve PM_{10} emisyonları

Araç Türü	Araç Sayısı (gün)	PM_{10} EF	PM_{10} Emisyonu (g/gün)
Dizel Otomobil	3064	0,21	3217,2
Minibüs	1376	0,21	1444,8
Kamyonet	1160	0,21	1218,0
Kamyon	736	0,56	2060,8
Tır	872	0,72	3139,2
Otobüs	552	0,52	1435,2
Toplam			12515,2

Son olarak, 11 farklı güzergâh için hesaplanan motorlu taşıtlardan kaynaklanan PM_{10} emisyonları, miktarın kolay ifade edilebilmesi bakımından "ton/yıl" birimine ve hava kalitesi modellerine girilebilmeleri açısından da "gram/saniye" birimlerine dönüştürülmüş ve Tablo 4.36'de gösterilmişlerdir. Birim dönüşümlerinin nasıl yapıldığı Çatalağzı içi (hat 1) için aşağıda örnek olarak verilmiştir. Diğer hesaplamalar da benzer şekilde yapılmışlardır.

Çatalağzı İçi (hat 1) için:

PM_{10} emisyonu = 1371,4 (g/gün) × 365 (gün/yıl) × (10^{-6} ton/g) = 0,50 (ton/yıl)

PM_{10} emisyonu = 1371,4 (g/gün) / 86400 (saniye/gün) = 0,0159 (g/s)

Motorlu taşıtlar için hazırlanan emisyon envanteri sonucunda çalışma alanında yıllık 15,80 ton PM_{10}'un atmosfere salındığı belirlenmiştir. Bu miktarda en büyük pay sahibi yollar "Demirpark – Tünel" istikameti olarak adlandırılan 11 numaralı hat ve "Çarşı – Asma" olarak adlandırılan 7 numaralı hattır. 11 numaralı hat Zonguldak – İstanbul yolu ve 7 numaralı hat da Zonguldak – Ankara yolu istikametleridir.

Tablo 4.35. Tüm güzergâhlardaki PM_{10} emisyonları toplamları

İstikamet	Mesafe (km)	PM_{10} (g/gün)	PM_{10} (ton/yıl)	PM_{10} (g/s)
Çatalağzı İçi	3,0	1371,4	0,50	0,0159
Çatalağzı - Kilimli	3,5	1520,7	0,56	0,0176
Kilimli İçi	1,0	1109,4	0,40	0,0128
Kilimli - Yayla	6,8	6417,0	2,34	0,0743
Yağcılar İçi	2,5	996,2	0,36	0,0115
Valilik - Yayla	0,9	1912,7	0,70	0,0221
Çarşı - Asma	5,0	9632,8	3,52	0,1115
Çarşı - Demirpark	2,0	4681,8	1,71	0,0542
Kozlu İçi	1,0	1289,4	0,47	0,0149
Fatih Sitesi İçi	1,5	1850,5	0,68	0,0214
Demirpark - Tünel	5,0	12515,2	4,57	0,1449
Toplam	32,2		15,80	

4.3.3. Sanayiden kaynaklanan PM_{10} emisyonları

Zonguldak ili Batı Karadeniz Bölümü'nde en fazla sanayileşen ildir. İlde iki adet organize sanayi bölgesi olup bunlardan birisi Ereğli ilçesinde diğeri de Çaycuma ilçesinde yer almakta ve çalışma alanının dışında kalmaktadırlar. Çatalağzı Enerji Havzası içinde bulunan toplam üç adet termik santral haricinde çalışma alanında başka sanayi tesisi bulunmamaktadır. Bu üç termik santral Çatalağzı Termik Santrali (ÇATES), Zonguldak Eren Termik Santrali I (ZETES I) ve Zonguldak Eren Termik Santrali II'dir (ZETES II). 2014 yılına kadar devlet tarafından işletilen ÇATES, 29 Nisan 2014 tarihinde özelleştirilmiştir. ZETES I ve ZETES II de özel sektör tarafından işletilmektedir. Termik santrallerin uydu görüntüsü Şekil 4.10'da gösterilmiştir. Bunlardan ZETES I arızalı olup çalışması durdurulmuştur. Dolayısıyla, hava kalitesi modelleme çalışmasına sadece ÇATES ve ZETES II sanayi tesisi olarak dahil edilmiştir.

Çatalağzı Termik Santrali'nin ÇATES-A olarak bilinen ilk ünitesi 1948 yılından 1990'a kadar elektrik üretmiştir. ÇATES-A'nın teknolojisinin eskimesi nedeniyle 1977 yılında temeli atılan ve halen çalışan ÇATES-B ünitesi 1990 yılında hizmete girmiştir (Avcı, 2005). ÇATES'te lavvar artığı mikst olarak adlandırılan ve alt ısıl değeri 3300 kcal/kg olan düşük kalitede pulvarize halinde taş kömürü yakıt olarak kullanılmaktadır. ÇATES'de yıllık 1600000 ton kömür ana yakıt ve 7200 ton Fuel-Oil 6 ise ek yakıt olarak kullanılmaktadır. ÇATES'de yakılan kömürün kül oranı % 45 (A=45), sabit karbon oranı % 35 (C=35) ve kükürt oranı da % 0,8 (S=0,8) dir (Durgun, 2008). ÇATES'de kullanılan Fuel-Oil 6'nın yoğunluğu 0,9861 kg/l ve kükürt oranı da % 2.8 (S=2.8)'dir. ÇATES'te baca gazı arıtımında partikül madde giderim oranı % 98'dir.

150 MW kapasiteli olarak kurulan ve daha sonra kapasitesi 160 MW'a çıkarılan Zonguldak Eren Termik Santrali I (ZETES I), ÇATES'in 1 km güneybatısında bulunmaktadır. 2010 yılının Temmuz ayında çalışmaya başlayan akışkan yataklı santral, önceleri yerli kömür tüketirken daha sonra ithal kömür kullanmaya başlamıştır. ZETES I şu an arızalı olup geçici olarak devre dışıdır.

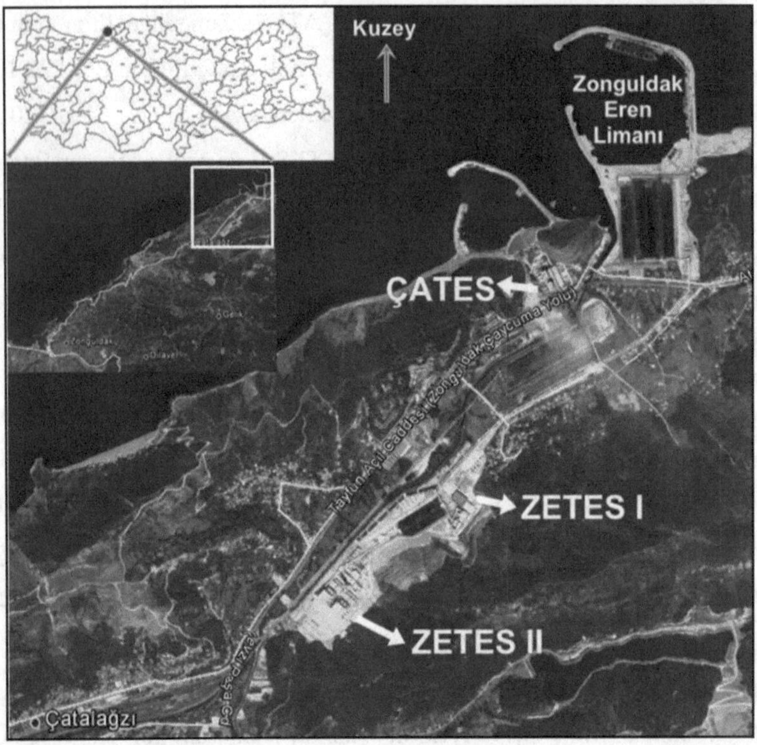

Şekil 4.10. Çatalağzı enerji havzasında yer alan termik santrallerin uydu görüntüsü (Zeydan ve Yıldırım, 2013)

Türkiye'nin ilk süperkritik pulvarize kömür termik santrali olan ZETES II'nin kurulu gücü 615 × 2 = 1330 MW'tır. ZETES II'nin maksimum kapasitede çalışması durumunda yılda ana yakıt olarak 3440000 ton kömür ve ek yakıt olarak da 45000 ton Fuel-Oil 4 tüketeceği belirtilmiştir. Bu çalışmada, ZETES II'nin tam kapasite ile çalıştığı kabul edilerek hava kalitesi modellemesi yapılacaktır. ZETES II'de yakılan kömürün kül oranı % 10 (A=10), kükürt oranı % 0,7 (S=0,7) ve sabit karbon oranı da % 68 (C=68) dir. Tüketilen kömürün alt ısıl değeri 6500 kcal/kg'dır. ZETES II'de kullanılan Fuel-Oil 4'ün yoğunluğu ise 0,95 kg/l ve kükürt oranı %1

(S=1)'dir. ZETES II'de, baca gazındaki partikül maddeleri gidermek için kullanılan Elektrostatik Filtrenin (ESF) verimi % 99,6'dır (Çınar Mühendislik, 2009).

Çalışma alanında yer alan termik santrallerden kaynaklanan emisyonların hesaplanmasında kullanılacak olan PM_{10} emisyon faktörleri Amerikan Çevre Koruma Örgütü tarafından hazırlanan EPA AP 42 olarak bilinen emisyon faktörleri veri tabanından derlenmiş ve Tablo 4.36'da gösterilmiştir (EPA, 1997).

Tablo 4.36. ÇATES ve ZETES II için PM_{10} emisyon faktörleri

Kirletici	ÇATES		ZETES II	
	Kömür	Fuel-Oil 6	Kömür	Fuel-Oil 4
PM_{10}	2,3A lb/ton	9,19S+3,22 lb/1000gal	2,3A lb/ton	7 lb/ton

S: kükürt içeriği, A: kül içeriği

EPA AP 42 emisyon faktörleri veri tabanında kullanılan birimler lb/ton veya lb/1000gal şeklindedir. Emisyon miktarlarının ton/yıl biriminden hesaplanabilmesi için emisyon faktörleri uygun birim dönüşümleri yapılarak kg/ton birimine dönüştürülmüştür. Birim dönüşümü için lb/ton biriminden verilen emisyon faktörleri 0,454 ile çarpılarak kg/ton'a çevrilmiştir. Fuel oil tüketiminden kaynaklanan emisyonlarda kullanılan lb/1000gal birimindeki emisyon faktörü ise 0,12 katsayısı ile çarpılmış ve bulunan değer yakıtın yoğunluğu ile bölünerek kg/ton birimine dönüşümü yapılmıştır. Bu işlemler sırasında yakıtların içeriğinde bulunan kükürt ve kül değerleri de hesaplamaya dahil edilmiştir. ÇATES için Fuel-Oil 6 yakılması sırasında kullanılacak olan PM_{10} emisyon faktörünün nasıl hesaplandığı örnek olarak aşağıda gösterilmiştir.

$$9{,}19S+3{,}22\frac{lb}{1000gal}=\frac{[9{,}19x2{,}8+3{,}22]x\frac{lb}{1000gal}x\frac{0{,}454kg}{lb}x\frac{gal}{3{,}78L}}{0{,}9861\frac{kg}{L}}$$

$$=\frac{[28{,}952x0{,}12]}{0{,}9861}\frac{kg}{1000kg}=3{,}52\frac{kg}{ton}$$

ÇATES'de yakılan kömürün kül oranı % 45 (A=45), kükürt oranı %2,8 (S=2,8) ve ZETES II'de yakılan kömürün kül oranı ise % 10 (A=10)'dur. ÇATES'de kullanılan Fuel-Oil 6'nın yoğunluğu 0,9861 kg/l'dir. Verilen kül ve kükürt oranları kullanıldıktan ve birim dönüşümleri yapıldıktan sonra PM_{10} emisyon faktörleri kg/ton birimine dönüştürülmüştür. ÇATES'deki elektrostatik filtreler % 98, ZETES II'deki elektrostatik filtreler ise % 99,6 oranında PM_{10} emisyonunu tutabilmektedir. Sanayi kaynaklı PM_{10} emisyonlarının hesaplanmasında kullanılacak formül Denklem (4.3)'de verilmiştir. ÇATES'de kömür kullanımından kaynaklı PM_{10} emisyonunun hesaplanması örnek olarak gösterilmiştir. Diğer emisyonlarda benzer şekilde hesaplanıp Tablo 4.37'de yer almaktadır.

$$E = A \times EF \times (1 - ER/100) \qquad (4.3)$$

Burada;

E: Emisyon miktarı

A: Aktivite istatistiği (yakıt tüketimi)

EF: Emisyon faktörü

ER: Emisyon giderim verimi (%)'dir.

ÇATES'de kömür kullanımından kaynaklanan PM_{10} emisyonu:

$E = 1600000$ (ton/yıl) $\times$ 47 (kg/ton) $\times$ $(1 - 98/100) \times 10^{-3}$ (ton/kg) = 1504 (ton/yıl)

Bölgedeki ÇATES kaynaklı PM_{10} emisyonu miktarının 1504,51 ton/yıl, ZETES II kaynaklı PM_{10} emisyonu miktarının da 144,22 ton/yıl olduğu görülmüştür. Her iki termik santrallerden atmosfere salınan toplam PM_{10} miktarı 1648,73 ton/yıl olarak hesaplanmıştır. Toplam PM_{10} emisyonunda ÇATES'in payı % 91 ve ZETES II'nin payı da % 9'dur.

Tablo 4.37. Sanayi tesislerinden kaynaklanan PM_{10} emisyon miktarları

Santral	Yakıtlar	Tüketim (ton/yıl)	PM_{10} EF (kg/ton)	PM_{10} Emisyonu (ton/yıl	Giderim Oranı	PM_{10} Emisyonu (ton/yıl)
ÇATES	Kömür	1600000	47	75200	0,980	1504,00
	Fuel-Oil 6	7200	3,52	25,37	0,980	0,51
ZETES II	Kömür	3440000	10,44	35913,60	0,996	143,65
	Fuel-Oil 6	45000	3,18	143,10	0,996	0,57
TOPLAM						1648,73

Termik santrallerden kaynaklanan PM_{10} emisyonlarının hava kalitesi modellerine girilebilmesi için ton/yıl olarak hesaplanan emisyon miktarlarının g/s birimine dönüştürülmesi gerekmektedir. ÇATES için bu hesaplamanın yapılışı aşağıda gösterilmiştir. ZETES II için de PM_{10} emisyon oranı benzer şekilde hesaplanmıştır. Emisyon oranları ve hava kalitesi modellerinin ihtiyaç duyduğu diğer tesis özelliklerine (koordinatlar, zemin ve baca kotları, gaz çıkış sıcaklıkları ve baca iç çapları) ait bilgiler toplu olarak Tablo 4.29'da gösterilmiştir.

ÇATES için PM_{10} Emisyon oranının (g/s) hesaplanması:

$$\text{Emi□yon}=1504{,}51\left(\frac{\text{ton}}{\text{yıl}}\right)\text{x}\left(\frac{10^6\text{g}}{\text{ton}}\right)\text{x}\left(\frac{1\text{yıl}}{365\text{gün}}\right)\text{x}\left(\frac{1\text{gün}}{24\text{saat}}\right)\text{x}\left(\frac{1\text{saat}}{60\text{dakika}}\right)\text{x}\left(\frac{1\text{dakika}}{60\text{□aniye}}\right)$$

$$\text{Emi□yon}=47{,}707\ ^{g}/_{s}$$

Tablo 4.38. Termik santrallerin modele noktasal kaynak olarak girilmesi

Termik Santral	ÇATES	ZETES II
X Koordinatı (m)	408220,1	407180,9
Y Koordinatı (m)	4596773,1	4595311,0
Zemin Kotu (m)	6	10
Baca Kotu (m)	126	190
PM_{10} Emisyon oranı (g/s)	47,707	4,576
Gaz çıkış sıcaklığı (°C)	158	80
Baca iç çapı (m)	6,2	6,5
Baca gazı hızı (m/s)	5,29	14,9
Baca gazı debisi (m^3/s)	159,7088	494,4278

4.4. AERMOD View Yazılımı

Çalışma alanında hava kalitesinin belirlenmesi amacıyla yapılacak olan hava kalitesi modellemesinde EPA tarafından geliştirilen ISCST3 modeli ile yine EPA tarafından 2004 yılından itibaren ISCST3 modeli yerine önerilen AERMOD modeli kullanılacaktır. Adı geçen modellerin çalıştırılabilir dosyalarını EPA'nın Dispersiyon Modelleme web sayfasından (http://www.epa.gov/ttn/scram/dispersionindex.htm) indirip çalıştırmak mümkündür. Ancak, bu sayfadan indirilen modellerin çalıştırılabilmesi için kullanılacak veri dosyalarının hazırlanması ve elde edilecek çıktı dosyalarının yorumlanması oldukça zahmetli ve bir o kadar da zordur. Bu nedenle, ISCST3 ve AERMOD modellerini daha kolay kullanabilmek için hazırlanmış olan ve WebLakes firmasından geliştirilen AERMOD View yazılımının 8.5.0 sürümü satın alınmıştır. AERMOD View, ISCST3, ISC-PRIME (Plume RIse Model Enhancements - Hüzme Yükselmesi Model İyileştirmeleri) ve AERMOD algoritmalarının kullanımını mümkün kılmaktadır. AERMOD View yazılımının en büyük avantajı, modelde kullanılacak parametrelerin görsel arayüz üzerinden seçilebilmesini ve kirletici kaynaklara ait özelliklerin harita üzerinden rahatlıkla girilebilmesi olanaklı kılmasıdır.

AERMOD View'da hava kalitesi modellemesi yapabilmek için öncelikle yeni bir proje dosyası tanımlanmalı ve modelleme yapılacak alanın koordinatları belirtilmelidir. AERMOD View yazılımı, koordinatlar girildikten sonra proje alanını Google Earth yazılımı ile kontrol etme imkânı sunmaktadır. Ayrıca, yine modelleme işlemlerine başlanmadan çizgisel ve alansal kaynaklara ait altlık harita mevcutsa bu haritalar "Import > Base Maps..." yolu izlenilerek içe aktarılmalıdır. AERMOD View yazılımı *dxf, *.dwg, *.shp ve raster dosyalarının okuyup içe aktarabilme özelliğine sahiptir. Bu çalışmada, MapInfo v12 yazılımı ile hazırlanmış ve shapefile (*.shp) formatına dönüştürülmüş olan çizgisel ve alansal kaynakları gösteren altlık haritalar içe aktarılmıştır. Alansal ve çizgisel kaynaklar altlık haritalar üzerinde tekrar çizilerek modele girilirler. Altlık harita aktarma işlemi tamamlandıktan sonra Tablo 4.39'da gösterilen ve hangi sıra ile kullanılacağı belirtilen düğmeler yardımıyla hava kalitesi modellemesi adım adım gerçekleştirilir. Tablo 4.39'da bu düğmelerin kullanım amaçları da kısaca açıklanmıştır.

AERMOD View yazılımında bazı pencereler hem ISCST3 hem de AERMOD modeli seçildiğinde aynı iken bazı pencereler değişiklik göstermektedir. Örneğin, dispersiyon seçenekleri penceresi, kirletici/ortalama süreler penceresi, arazi seçenekleri penceresi ve meteorolojik veri giriş pencereleri modelden modele farklılık göstermektedir. Fakat kirletici kaynakları penceresi, uniform kartezyen grid reseptör penceresi, çıktı seçenekleri penceresi ve arazi önişlemcisi penceresi her iki modelde de ortaktır.

Bu çalışmada, "Control" yolu altında yer alan dispersiyon seçeneklerinden çıktı türü olarak sadece "konsantrasyon" seçilmiş kuru ve yaş çökelme modellemeye dahil edilmemiştir. Kirletici türü olarak "PM_{10}" seçilmiştir. Her iki model de 1 saatlik, 24 saatlik ve yıllık ortalamalar için çalıştırılmıştır. Dispersiyon katsayısı seçeneklerinden "kentsel" bölge seçimi yapılmıştır. Arazi seçenekleri penceresinden "engebeli arazi" (Elevated Terrain) seçeneği seçilmiştir.

Tablo 4.39. AERMOD View 8.5.0 yazılımının kullanımı

Kullanım Sırası	Düğme	Kullanım Amacı
1		Çıktı türü (konsantrasyon, kuru-yaş çökelme vb.), ortalama zaman seçeneği, dispersiyon katsayısı ve arazi seçenekleri modele girilir.
2		Kirletici türü seçilir, kirletici kaynakları modele girilir. Kentsel bölge için hesap yapılacaksa nüfus değeri yazılır. Değişken emisyonlar varsa tanımlanır.
3		Reseptör noktaları tanımlanır. Reseptörler kartezyen veya kutupsal koordinatlarla tanımlanabilir.
4		AERMET View veya RAMMET View tarafından derlenen meteoroloji dosyaları modele girilir. Modelleme yapılacak süre aralığı seçilebilir.
5		Model sonucunda istenen çıktı türleri seçilir.
6		Kaynaklar ve reseptör noktaları modele girildikten sonra, dijital yükseklik dosyaları seçilerek AERMEP modeli çalıştırılır ve reseptör noktalarının yükseklikleri hesaplanır.
7		Son olarak hava kalitesi modeli çalıştırılır.
8		Elde edilen kirlilik dağılım haritasının görselleştirilmesi için gerekli ayarlamalar yapılır.

Hem AERMOD hem de ISCST3 modeli noktasal, çizgisel, alansal ve tüm kaynaklar olmak üzere 4 farklı durumda çalıştırılmışlardır. Noktasal kaynaklara ait verilerin AERMOD View modeline girilmesi Şekil 4.11'de, çizgisel kaynakların modele girilmesi Şekil 4.12'de ve alansal kaynakların modele girilmesi de Şekil 4.13'de gösterilmiştir. AERMOD ve ISCST3 modelleri çizgisel kaynakları doğrudan modelleyemedikleri için çizgisel kaynaklar birbirini takip eden alansal kaynaklar olarak yazılım tarafından işleme konulmaktadırlar. Şekil 4.13'da görülen "Ratio 1:" değeri yolun boy/en oranını göstermektedir. Diğer bir değişle yolun genişliği modele girildikten sonra burada yazılan değerle çarpılarak yolun boy uzunluğu hesaplanmakta (yol düz olarak uzuyorsa, kıvrılma yoksa) "boy × en" ölçülerinde bir alan kaynak oluşturulmaktadır. Hesaplama işlemlerinin kısa sürmesi için boy/en oranı AERMOD modelinde 100 olarak tanımlanmıştır. ISCST3 modeli ise boy/en oranı olarak en fazla 10 değerini kabul etmektedir. Bu çalışmada alansal kaynaklar modele poligon alan kaynak olarak girilmişlerdir. AERMOD View yazılımının kullanım kılavuzunda ISCST3 modelinin seçilmesi durumunda poligon alan kaynakların en fazla kenar sayısının en fazla 20 olması gerektiği bildirilmiştir. AERMOD modelinde bu şekilde bir sınırlama olmayıp poligonların kenar sayılarının kapasitesi sadece bilgisayarın fiziksel bellek miktarı ile sınırlıdır. Alan kaynağı gösteren poligon çizildikten sonra modele emisyon değeri "g/s" olarak girildiğinde yazılım poligon alanı yardımıyla emisyon oranını otomatik olarak "g/s-m^2" birimine dönüştürmektedir.

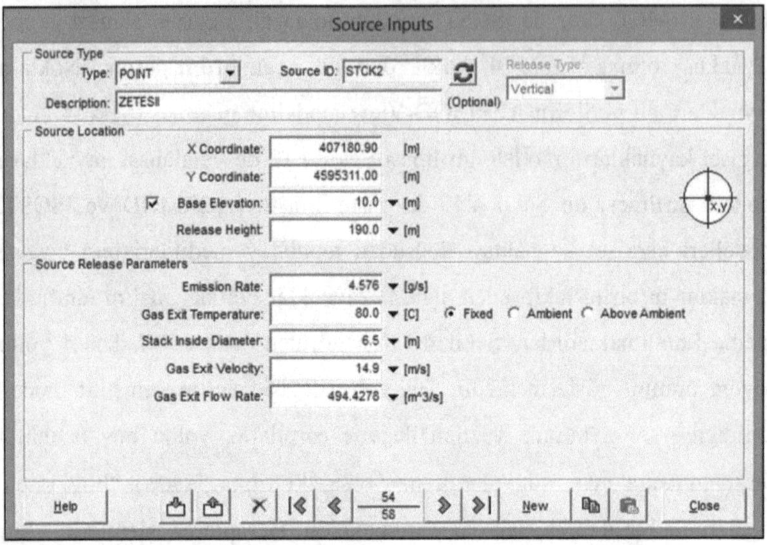

Şekil 4.11. Noktasal kaynak verilerinin AERMOD View modeline girilmesri

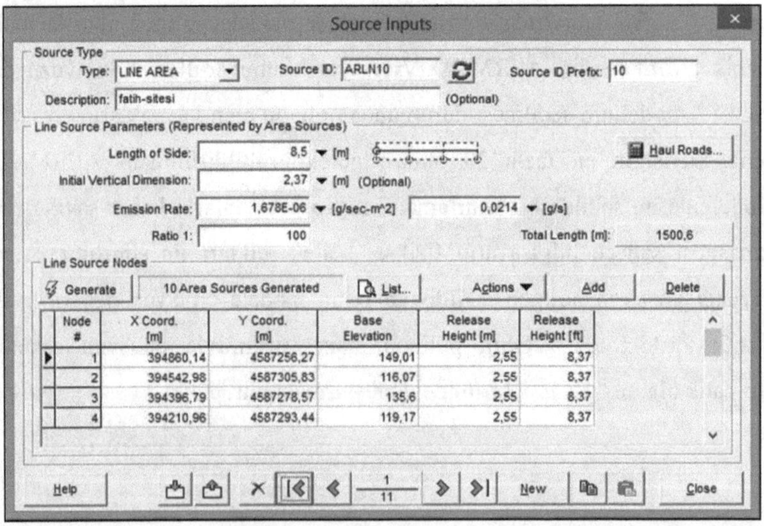

Şekil 4.12. Çizgisel kaynak verilerinin AERMOD View modeline girilmesi

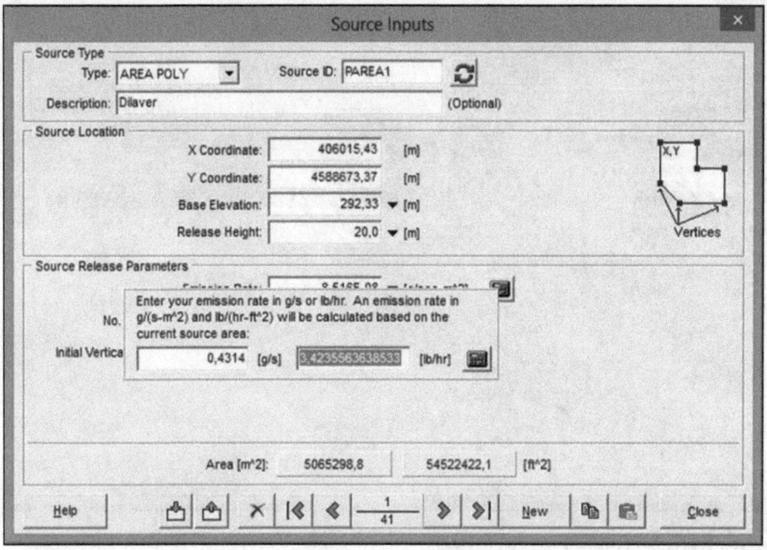

Şekil 4.13. Alansal kaynak verilerinin AERMOD View modeline girilmesi

Alansal kaynaklar sadece, evsel ve kamu kurumlarının kömür tüketimleri ile oluşan emisyonları içerdiğinden kaloriferlerin yasal olarak yakılabildiği dönem içerisinde tanımlanmak zorundadır. Dolayısıyla, Değişken Emisyonlar (Variable Emissions) seçeneği altında alansal kaynaklar 15 Ekim ve 15 Mayıs tarihlerini kapsayan süreler için tanımlanmışlardır. Kasım, Aralık, Ocak, Şubat, Mart ve Nisan aylarının değişken emisyon faktörü "1" olarak modele girilmiştir. Bu değer Ekim ve Mayıs ayları için "0,5"dir. Değişken emisyonların AERMOD View yazılımına girilmesi Şekil 4.14'te gösterilmiştir.

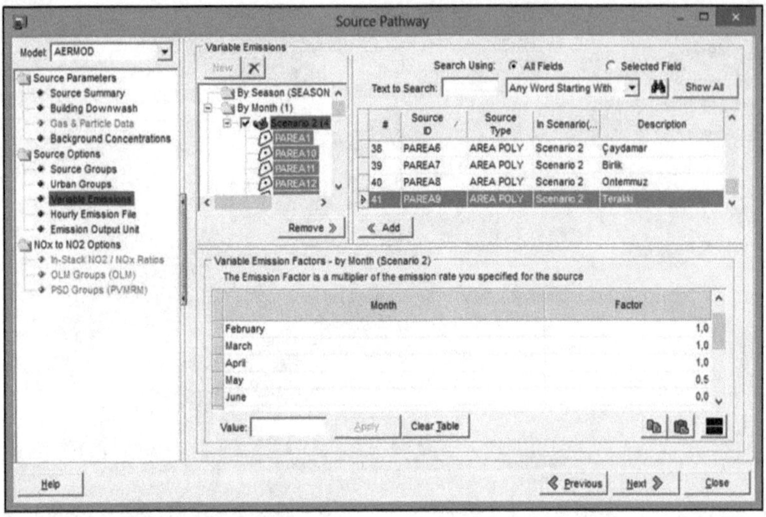

Şekil 4.14. Değişken emisyonların AERMOD View yazılımına girilmesi

Reseptör (Receptor) seçeneklerinden Uniform kartezyen grid reseptör penceresinde (Şekil 4.15) kirletici konsantrasyonlarının hesaplanacağı reseptör noktaların ne kadar geniş bir alanı kapsayacağı ve hangi aralıklarla kaç tane reseptör nokta olacağı gibi bilgiler seçilebilir. Reseptör noktaları oluşturulurken mümkün olduğunda deniz yüzeyi üzerine nokta yerleştirmekten kaçınılmıştır. Böylelikle hesaplama süresi de kısaltılmıştır. Reseptörler 250 metrelik aralıklar ile yerleştirilmiştir. Oluşturulan Uniform kartezyen grid reseptörlere ait bilgiler Tablo 4.40'da gösterilmiştir.

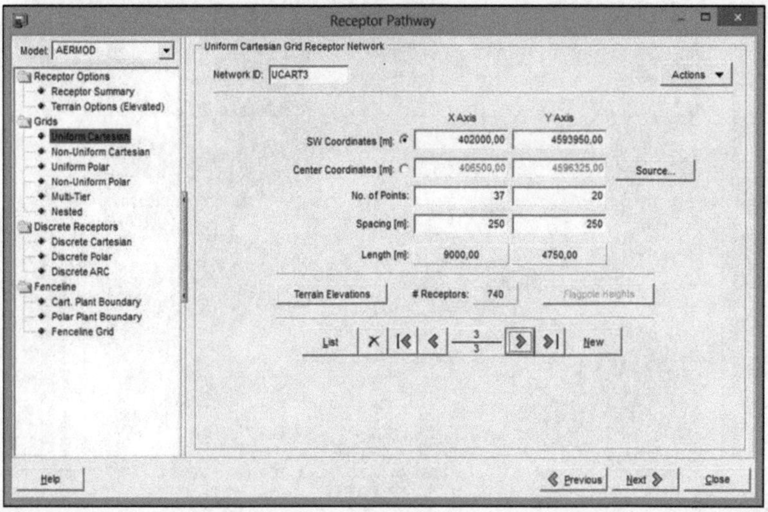

Şekil 4.15. Reseptör noktalarının oluşturulması

Tablo 4.39. Uniform kartezyen grid reseptörlerin özellikleri

Reseptör Adı	Güney-Doğu koordinatı (m)		X-ekseni nokta sayısı	Y-ekseni nokta sayısı	Grid aralığı (m)	Reseptör Sayısı
	X	Y				
UCART1	393000	4585000	85	22	250	1870
UCART2	398500	4590250	63	15	250	945
UCART3	402500	4593750	47	12	250	564
UCART4	407000	4596500	29	13	250	377

Tablo 4.40'da verilen özellikler ile tanımlanan reseptör gridlerinin çalışma alanındaki görüntüsü ise Şekil 4.16'da yer almaktadır. Çalışma alanında toplam 3756 tane reseptör grid tanımlanmıştır.

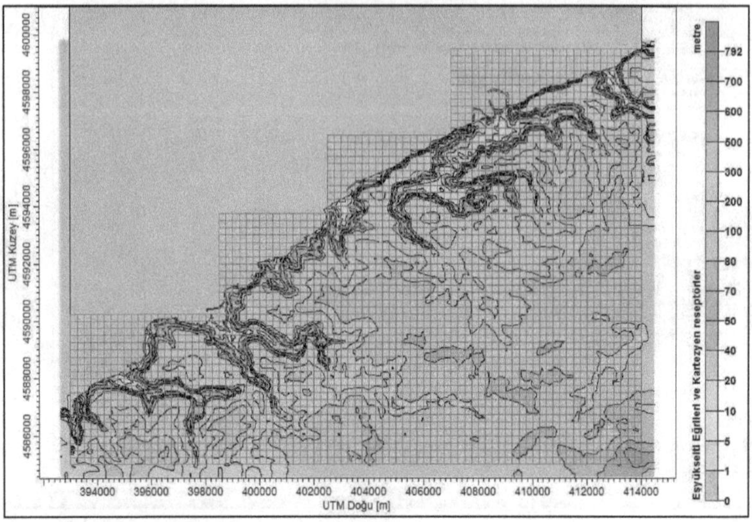

Şekil 4.16. Çalışma alanındaki reseptör gridleri

Meteorolojik veri girişi penceresinde (Şekil 4.17) modelin kullanacağı meteorolojik verilerin bulunduğu dosyalar seçilmektedir. AERMOD modelinin çalışabilmesi için *.sfc dosya formatında yüzey meteoroloji verilerine ve *.pfl dosya formatında profil meteoroloji verilerine ihtiyaç duymaktadır. Bu iki dosya, AERMOD modelinin meteorolojik önişlemcisi olan AERMET tarafından *.sam formatındaki (Samson) yüzey meteoroloji verisi ve *.ua formatındaki üst hava meteoroloji verisi dosyalarının işlenmesi sonucunda elde edilmiştir. Çalışma alanına ait 5 yıllık meteorolojik veri Weblakes firmasından satın alınmıştır. Meteorolojik veriler 1 Ocak 2007 ile 31 Aralık 2011 tarihleri arasını kapsamaktadır. Bu çalışmada kullanılan AERMET View yazılımına girilen saatlik veriler ile AERMOD View yazılımının ihtiyacı olan meteoroloji dosyaları derlenmiştir.

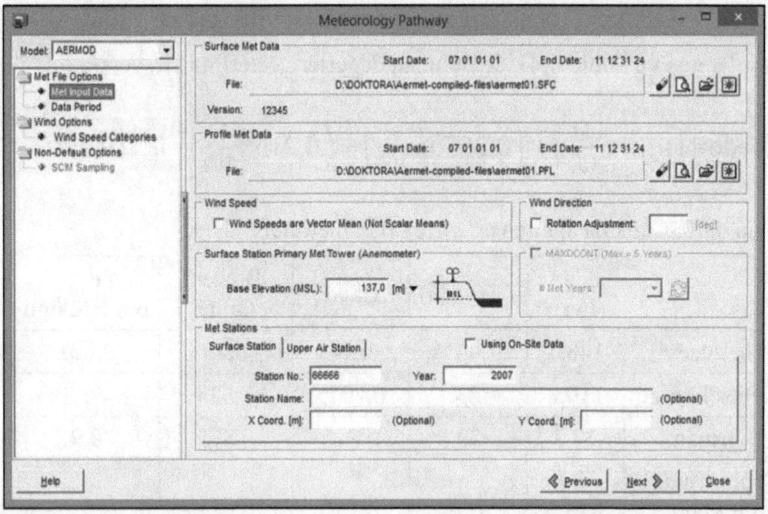

Şekil 4.17. AERMOD View meteorolojik veri girişi penceresi

Dosyaların derlenme işlemi sırasında AERMET View yazılımı albedo, bowen oranı, yüzey pürüzlülüğü gibi arazi kullanımı ve yüzey parametreleri değerlerine ihtiyaç duymaktadır. Yüzey parametrelerinden albedoyu, yansıtılan radyasyonun gelen radyasyona oranı ve bowen oranını da yüzeyde bulunan nemin bir ölçüsü olarak tanımlamak mümkündür. Yüzey pürüzlülüğü ise yer şekillerine bağlı olarak rüzgarın esmesini engelleyen faktörlerin ölçüsüdür (Taşpınar ve Bakoğlu, 2003; Demirarslan, 2012). Çalışma alanında bu değerleri belirleyebilmek için kentsel bölge, ormanlık alan ve su yüzeyi alanları ayrı ayrı ölçülerek alanların yüzdeleri hesaplanmıştır. Alanların oranları kullanılarak albedo, bowen oranı, yüzey pürüzlülüğü için ağırlıklı ortalamalar hesaplanmıştır. Albedo, bowen oranı, yüzey pürüzlülüğünün su yüzeyi, kentsel bölge ve orman için Tablo 4.41'de gösterilen değerler AERMET View yazılımının önerdiği yıllık ortalama değerlerdir. Albedo'nun ağırlıklı ortalamasının hesaplanması aşağıda gösterilmiş olup diğer parametreler de benzer yöntem ile hesaplanmış ve Tablo 4.41'de bulunan değerler gösterilmiştir.

$$\text{Albedo}=\left(0,14\text{x}\frac{44}{100}\right)+\left(0,2075\text{x}\frac{23}{100}\right)+\left(0,215\text{x}\frac{33}{100}\right)=0,180$$

Tablo 4.40. Çalışma alanına ait yüzey parametreleri

	Alan (km^2)	Alan (%)	Albedo	Bowen Oranı	Yüzey pürüzlülüğü
Su yüzeyi	148,1	44	0,14	0,45	0,001
Kentsel bölge	110,6	23	0,2075	1,625	1
Orman	77,3	33	0,215	0,875	0,9
Toplam alan / Ortalama değerler	336,0	100	0,180	0,861	0,527

AERMET View yazılımı tarafından meteoroloji dosyaları derlendikten sonra çalışma alanına ait rüzgar gülü de oluşturulmuştur. 2007 ile 2011 yılları arasını kapsayan meteorolojik veriler kullanılarak, rüzgarın estiği yöne (blowing to) göre oluşturulan rüzgar gülü Şekil 4.18'de gösterilmiştir. Burada dikkat edilmesi gereken nokta oluşturulan bu rüzgar gülünün rüzgarın esme sayısına göre değil de rüzgar hızına göre çizdirildiğidir. Şekil 4.18'ye göre SW, SSW ve NE yönleri rüzgarın en hızlı estiği yönler olarak görülmektedir.

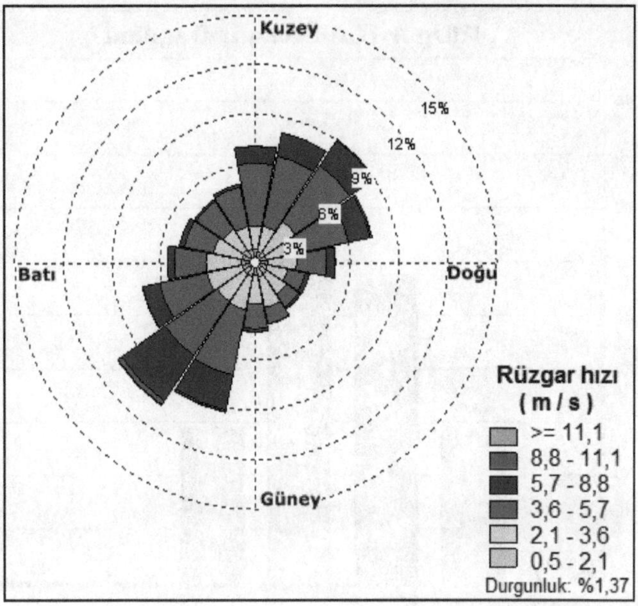

Şekil 4.18. AERMET yazılımı tarafından oluşturulan rüzgar gülü

Ayrıca, yine AERMET View yazılımı kullanılarak aynı yıllara ait rüzgar hızları frekans dağılım grafiği de hazırlanmıştır (Şekil 4.19). En çok rüzgar esme sıklığı % 41,1 ile 3,6 - 5,7 m/s''lik rüzgarlarda görülmüştür. 2. en çok rüzgar esme sıklığı % 28,7'lik pay ile 2,1 - 3,6 m/s'lik rüzgarlardadır.

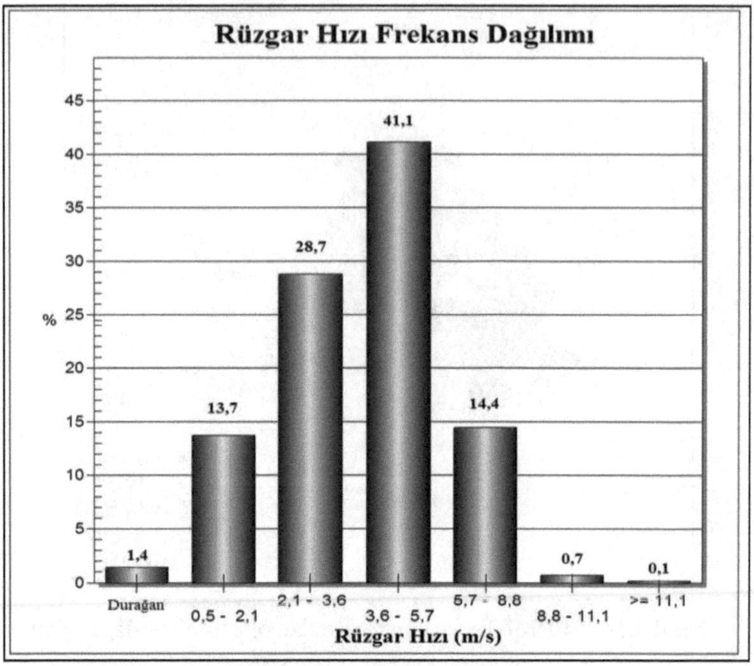

Şekil 4.19. AERMET View ile oluşturulan rüzgar hızı frekans dağılım grafiği

ISCST3 modeli ise *.met uzantılı tek bir meteorolojik veri dosyasına ihtiyaç duymaktadır. *.met uzantılı dosyalar diğer bir meteorolojik ön işlemci olan RAMMET View yazılımı ile derlenmiştir. RAMMET View ile derlenen meteorolojik veriler, CALPUFF modelinde de kullanılabilinir. RAMMET View yazılımı, AERMET View'dan farklı olarak sadece Samson formatında meteorolojik veriye ihtiyaç duymaktadır. Ayrıca, RAMMET View yardımıyla meteorolojik verilerden karışım yüksekliği verisi de üretmek mümkündür.

Arazi önişlemci penceresinde de (Şekil 4.20) hava kalitesi modellenecek olan bölgeye ait topografik verilerin, modele girilebilmesi mümkündür. Modellerde kullanılacak olan sayısal yükseklik modeli (Digital Elevation

Model - DEM) verileri ASTER uydusuna ait görüntüler ile oluşturulmuştur. NED GEOTIFF formatındaki dosyalar http://gdem.ersdac.jspacesystems.or.jp/search.jsp web sitesinden indirilmiştir. DEM dosyalarının çözünürlüğü 30 m. × 30 m.'dir.

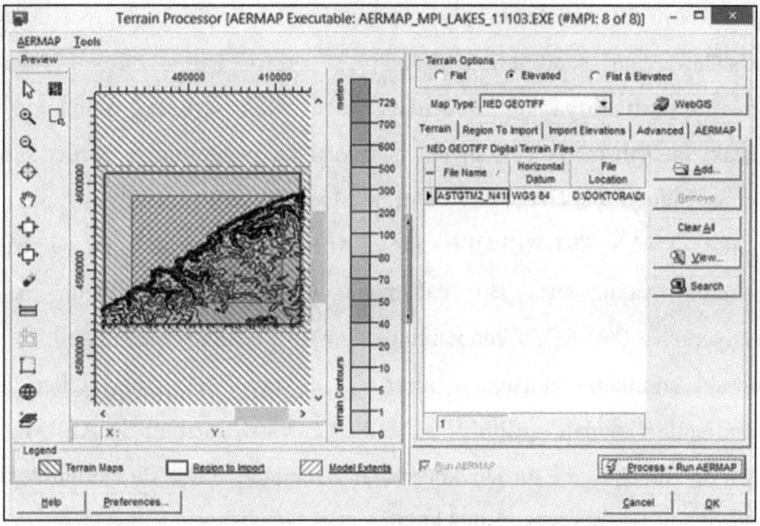

Şekil 4.20. AERMET topografya ön işlemcisi ekran görüntüsü

4.5. CALPUFF View Yazılımı

Bu çalışmada kullanılacak diğer bir hava kalitesi modeli ise Sigma Research Corporation tarafından geliştirilen CALPUFF (CALifornia PUFF - Kaliforniya Puff) modelidir. CALPUFF, EPA tarafından uzun mesafeli kirletici taşınımlarının belirlenebilmesi amacıyla yapılan çalışmalarda kullanımı önerilen bir modeldir. Bu modelin, grafik kullanıcı arayüzü sunan çalıştırılabilir dosyalarını Sigma Research Corporation'ın web sitesinden (http://www.src.com/calpuff/calpuff1.htm) indirmek mümkündür. Ancak bu çalışmada, daha gelişmiş grafik kullanıcı arayüzü seçenekleri sağlayan CALPUFF View yazılımının 6.0.0 sürümü satın alınarak modelleme çalışmalarında kullanılmıştır.

CALPUFF View yazılımında yeni proje sihirbazı çalıştırıldığında, dosyanın isimlendirilmesinin ardından yapılacak ilk işlem modelin tek meteoroloji dosyası ile mi yoksa çok sayıda meteoroloji dosyası ile mi çalıştırılacağının seçilmesidir (Şekil 4.21). CALPUFF modelini sadece *.met uzantılı dosya ile "Screening Modu"nda çalıştırmak mümkündür. Ancak, bu çalışmada çok sayıda istasyona ait meteorolojik veriler satın alınmış olduğu için CALPUFF "Rafine Mod"da çalıştırılmıştır. Bir sonraki adımda CALMET/CALPUFF ile CALPOST modellerinin versiyon seçimleri yapılmıştır. Bu çalışmada CALMET/CALPUFF'un 6.42 versiyonu ve CALPOST modelinin de yine 6.42 versiyonu kullanılmıştır. Sonraki adımlarda çalışma alanının datum ve projeksiyon bilgileri ile koordinatları modele girilmiştir. CALPUFF View yazılımı da AERMOD View'da olduğu gibi girilen koordinatları Google Earth ile görüntüleyip kontrol edilmesini sağlayabilmektedir.

Koordinatların kontrol edilmesi işleminden sonra CALPUFF View atmosferde dikey olarak kaç tane hücre olacağını sormaktadır (Şekil 4.22). Hücre yükseklikleri olarak yazılım tarafından önerilen değerler kullanılmıştır. Bir sonraki adımda ise meteorolojik gridlerin genişlik bilgisi istenmektedir. Bu çalışmada, çalışma alanı 1 × 1 km'lik gridlere bölünmüştür.

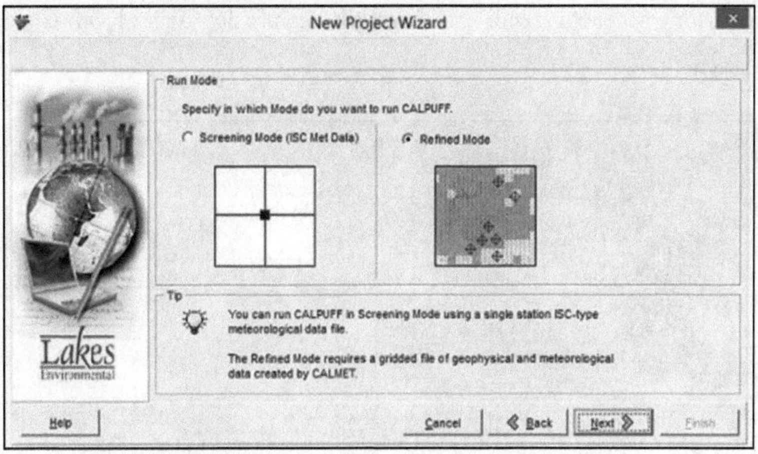

Şekil 4.21. CALPUFF View yeni proje sihirbazı – meteorolojik mod seçimi

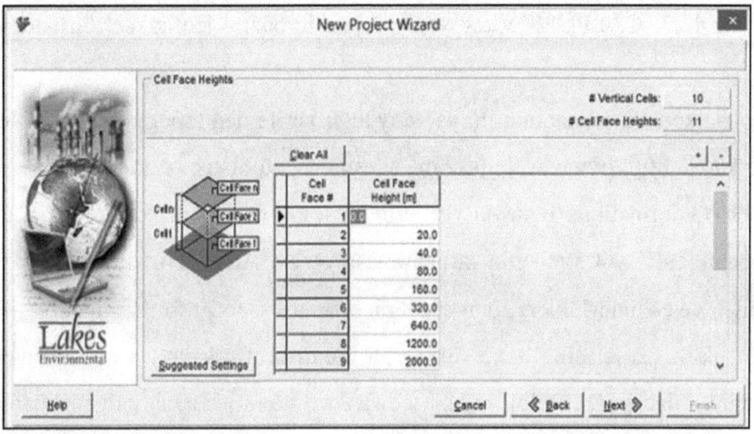

Şekil 4.22. CALPUFF View yeni proje sihirbazı - dikey hücre bilgileri

Yeni proje sihirbazının son adımında ise arazi kullanımı ve topografya verileri kullanılarak CALMET'in ihtiyaç duyduğu jeofiziksel veri dosyası (geo.dat) oluşturulur (Şekil 4.23). Arazi kullanımı ve topografya verilerini CALPUFF View http://www.webgis.com/ web sitesinden otomatik olarak indirebilmektedir. Yeni proje sihirbazı sonlandırılırken "Run Geophysical

Processor" seçeneği seçili ise otomatik olarak Jeo-fiziksel ön işlemci çalışacaktır.

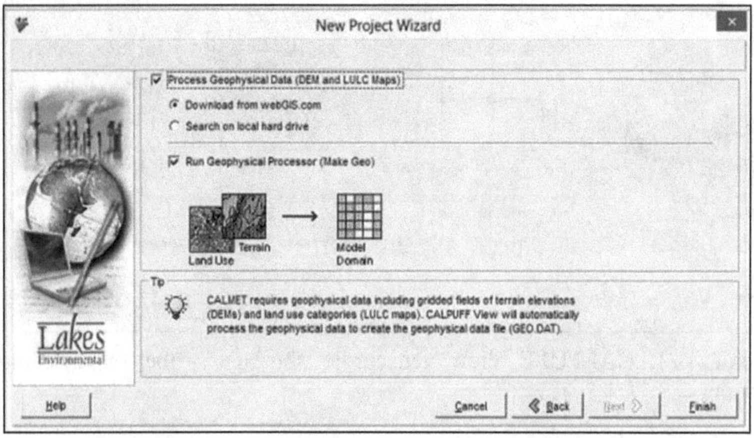

Şekil 4.23. CALPUFF View yeni proje sihirbazı - jeofiziksel ön işlemci seçenekleri

Jeo-fiziksel ön işlemcinin ihtiyaç duyduğu verilerden topografya verisi her ne kadar http://www.webgis.com/ sitesinden otomatik olarak indirilse de SRTM3 formatında olan bu verilerin çözünürlüğü 90 m. × 90 m.'dir. Bu sebeple, SRTM3 verilenin kullanılması yerine ASTER uydusundan elde edilen ve çözünürlükleri 30 m. × 30 m. olan Net Geotiff formatındaki dijital yükseklik verilerinin *.dem formatına dönüştürülerek kullanımı çok daha uygun olacaktır. Dolayısıyla, jeo-fiziksel ön işlemci çalıştırılmadan kapatılmalıdır. Net Geotiff formatındaki dosyaları, *.dem formatına dönüştürmek için CALPUFF View içerisinde yer alan DEM dönüştürme aracını (Tools > DEM Converter...) kullanmak mümkündür (Şekil 4.24).

Yeni proje oluşturma ve topografik dosyaları *.dem formatına dönüştürülmesinin ardından altlık olarak kullanılacak haritalar varsa bu haritaları içe aktarmak mümkündür. Bu işlem için CALPUFF View yazılımında "Import > Base Maps…" yolu izlenir. Sonraki aşamada, CALPUFF View yazılımında araç çubuğunda yer alan düğmeler sırasıyla kullanılarak modelleme işlemi gerçekleştirilir. Bu komutların hangi sıra ile kullanılacakları ve açıklamaları Tablo 4. 42'de gösterilmiştir.

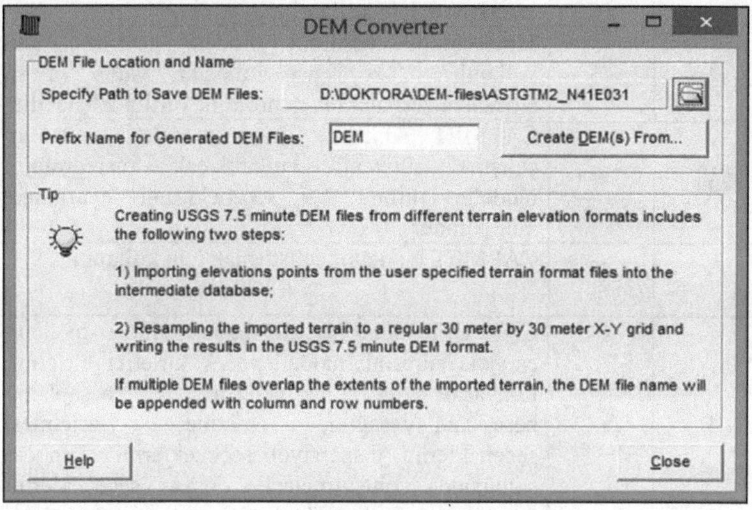

Şekil 4.24. CALPUFF View - DEM dönüştürme aracı

Jeo-fiziksel ön işlemci (Şekil 4.25) çalıştırıldıktan ve yeni oluşturulan *.dem dosyaları yüklendikten sonra "Process" düğmesine tıklanarak jeofiziksel veri dosyası hazırlanır. Ancak bu sırada, CALPUFF View'ın çalışması için gerekli olan dosyaların eksik olduğuna dair "Model Kontrol" (Models Check) aracının ekranda görünmesi ve uyarı vermesi mümkündür (Şekil 4.26). "Download CALPUFF Model" komutuna tıklanarak, eksik olan dosyalar Sigma Research Coorporation'ın web sitesinden (http://www.src.com/calpuff/download/download.htm) indirilebilir. İndirilen dosyalar CALPUFF View'un kurulu olduğu dizinin içine kopyalanmalıdır. Tüm dosyalar tamam olduktan sonra CALPUFF View sorunsuz çalışacaktır.

Tablo 4.41. CALPUFF View 6.0.0 yazılımının kullanımı

Kullanım Sırası	Düğme	Kullanım Amacı
1		Jeo-fiziksel ön işlemci, arazi kullanımı ve topografya verilerini kullanarak CALMET için gerekli olan jeofiziksel veri dosyasını (geo.dat) hazırlamak için kullanılır.
2		Meteorolojik verilerin modele girilmesi için kullanılır. Yüzey, üst atmosfer, yağış ve su tabakası üzerindeki meteorolojik veriler işlenebilir.
3		CALMET sihirbazı ile meteorolojik modelin çalışma süresini, kullanılacak meteorolojik modelin türünü ve seçeneklerini ayarlamak mümkündür.
4		CALMET modelini çalıştırmak için kullanılır.
5		CALPUFF sihirbazı ile hava kalitesi modelin çalışma süresini, modellenecek kirletici türlerini, kimyasal tepkimelerin hesaplanıp hesaplanmayacağını, hüzme yükselmesi seçeneklerini, dispersiyon seçeneklerini ve model sonucunda oluşturulacak dosya seçeneklerini ayarlamak mümkündür.
6		Modellenecek kirletici türü ve emisyon miktarı modele girilir. Değişken emisyonlar varsa tanımlanır.
7		Kirletici kaynakları modele girilir.
8		Reseptör gridleri kartezyen koordinatlarla tanımlanır. Ayrıca kutupsal koordinatlar ile de reseptör tanımlamak mümkündür.
9		CALPUFF modeli çalıştırılır.
10		CALPUFF modelinin oluşturduğu çıktıları işlemek için CALPOST son işlemcisi kullanılır. Konsantrasyon, kuru ve yaş çökelme seçenekleri, ortalama sürelerin seçilmesi, seçilen günler için çıktı dosyalarının üretilmesi gibi işlemleri yapmak mümkündür.

Tablo 4.42. (Devam) CALPUFF View 6.0.0 yazılımının kullanımı

11		CALPOST son işlemcisi çalıştırılır.
12		Elde edilen kirlilik dağılım haritasının görselleştirilmesi için gerekli ayarlamalar yapılır.

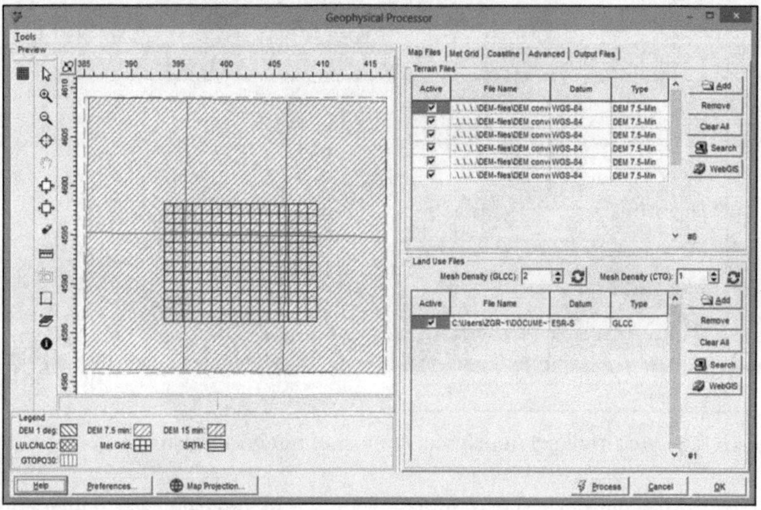

Şekil 4.25. CALPUFF View - Jeo-fiziksel ön işlemci

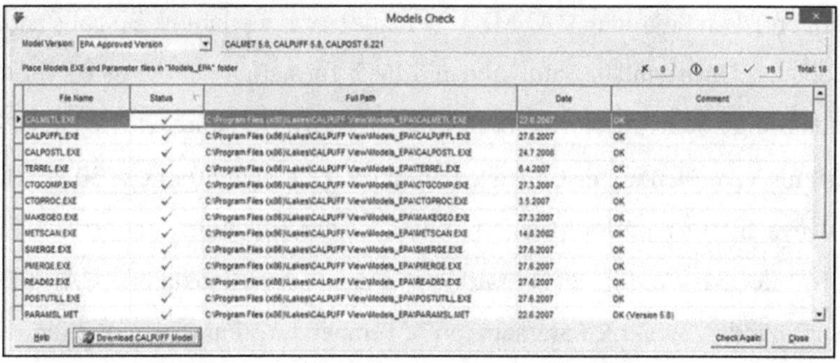

Şekil 4.26. CALPUFF View - model kontrol aracı

Jeo-fiziksel ön işlemci "geo.dat" dosyasını oluşturduktan sonra yüzey parametreleri ve arazi kullanımı ile ilgili işlemler tamamlanmış olacaktır. Şekil 4.27'dekine benzer bir ekran görüntüsü elde edilir.

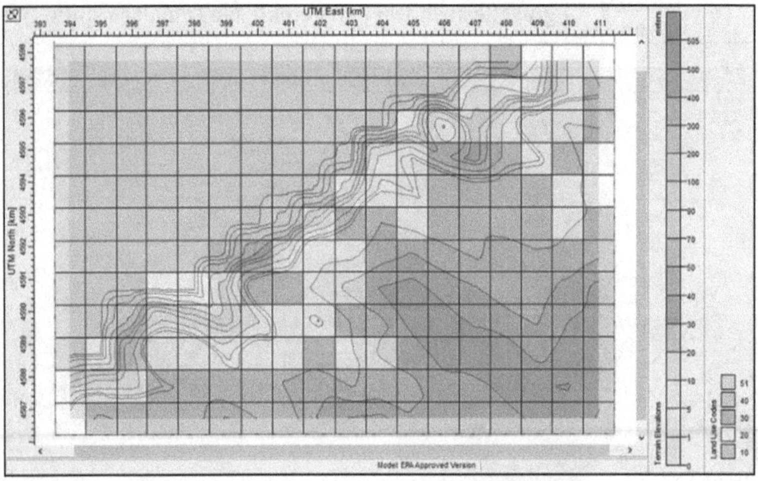

Şekil 4.27. Jeo-fiziksel ön işlemci sonrası ekran görüntüsü

Meteorolojik verilerin hazırlanması için Tablo 4.42'de "2" numaradaki "Met" komutu kullanılabileceği gibi eldeki meteorolojik verinin türüne göre bu işlem doğrudan CALMET içerisinden de yapılabilir. Bu çalışmada, Weblakes firmasından satın alınan MM5 formatında prognostik veriler kullanıldığı için meteorolojik veriler CALMET sihirbazı ile modele girilmiş ve derlenmiştir. Çalışma alanını da içine alan 50 km. × 50 km.'lik bölgeye ait meteorolojik veriler 4 km. çözünürlüktedir. Veriler 1 Ocak 2007 ile 31 Aralık 2011 tarihleri arasını kapsamaktadır. CALMET sihirbazında "Sıcaklık Parametreleri" (Temperature Parameters) ekranında (Şekil 4.28) "2. Prognostic Data (Surface and Upper Air)" seçeneği seçildikten sonra "Rüzgar Alanı Seçenekleri" (Wind Field Options) ekranından (Şekil 4.29) da "Prognostik Verileri Kullan" (Use Prognostic

Data) seçeneği seçilir. Aynı ekrandan "3D.DAT (0)..." düğmesine tıklanarak meteorolojik veriler modele girilir. Burada dikkat edilmesi gereken en önemli nokta, verilerin yıllara göre sıra ile girilmesi gerektiğidir. Veri girme işleminin arkasından Run komutu ile CALMET çalıştırılır.

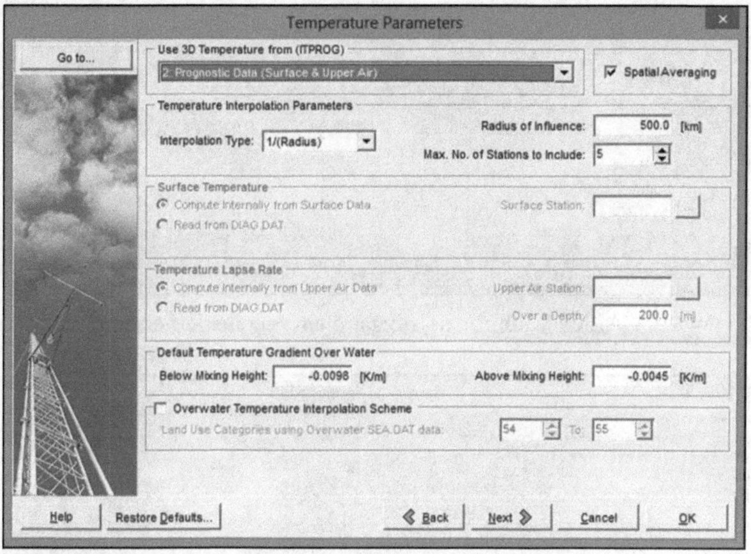

Şekil 4.28. CALMET sihirbazı - sıcaklık parametreleri ekranı

CALMET modelinin çalıştırılmasının ardından CALPUFF sihirbazı ile hava kalitesi modelinin hangi veriler ve parametreler ile çalıştırılacağı belirlenir. CALPUFF'un hangi zaman aralığında çalışacağı seçildikten sonra modellenecek kirletici türü "Kirleticiler ve Çökelme" (Species & Deposition) penceresinden (Şekil 4.30) seçilebilir. Yine aynı pencereden modelin sadece konsantrasyon mu yoksa konsantrasyon ile birlikte çökelmeyi de hesaplayıp hesaplamayacağı seçilebilir.

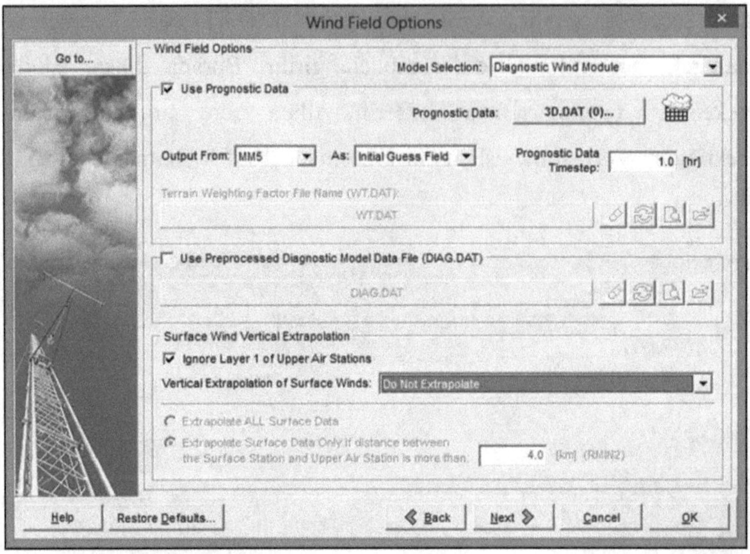

Şekil 4.29. CALMET sihirbazı - rüzgar alanı seçenekleri ekranı

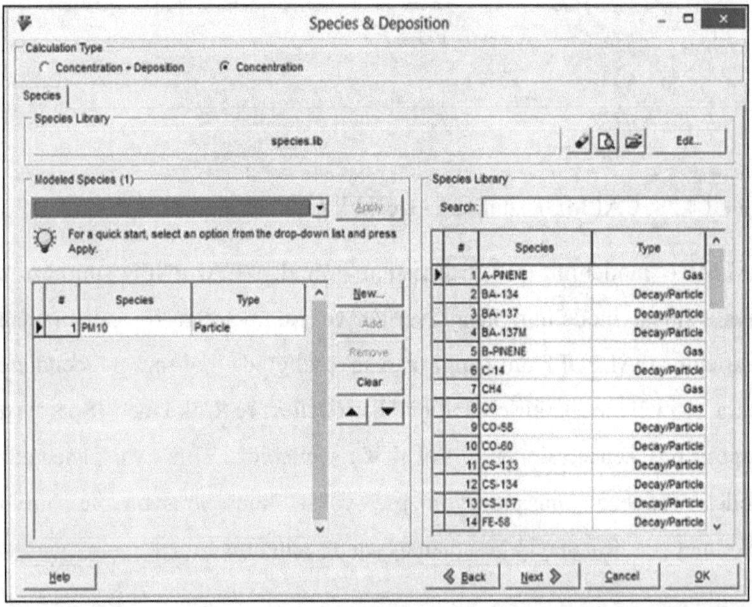

Şekil 4.30. CALPUFF sihirbazı - kirleticiler ve çökelme penceresi

"Meteoroloji/Arazi Kullanımı" (Meteorological/Landuse) penceresinde CALMET tarafından oluşturulan "calmet.dat" dosyası seçilmiştir. CALPUFF sihirbazında yer alan "Dispersiyon" (Dispersion) penceresinde (Şekil 4.31) ise dispersiyon hesaplarında kullanılacak olan yöntemi seçmek mümkündür. Bu çalışmada, CALPUFF modeli dispersiyon hesaplama yöntemi olarak kırsal alanlarda Pasquill-Gifford katsayılarını, kentsel alanlarda da McElroy-Pooler formüllerini kullanacak şekilde ayarlanmıştır. Modelde kimyasal dönüşümler hesaba katılmamıştır. Sihirbazdaki diğer pencerelerdeki ayarlar için herhangi bir değişiklik yapılmamış ve modelin varsayılan değerleri kullanılmıştır.

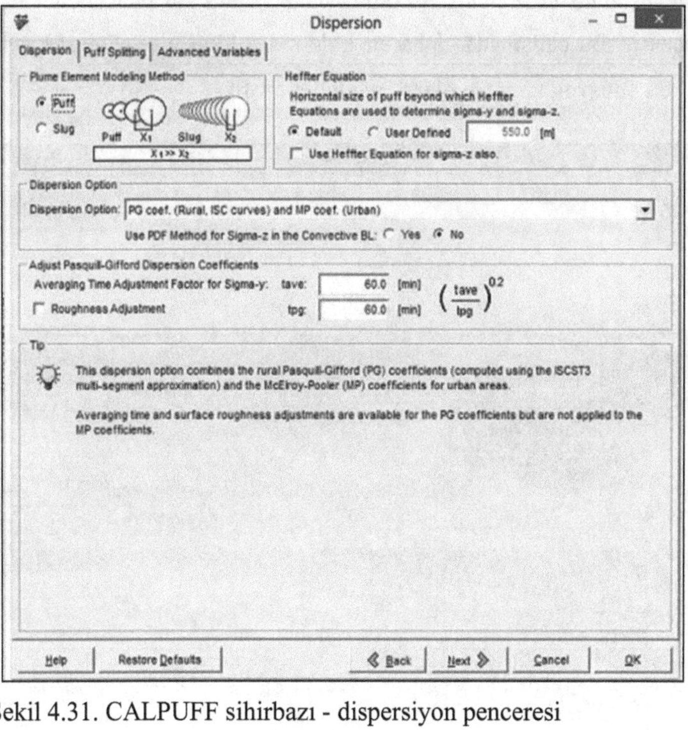

Şekil 4.31. CALPUFF sihirbazı - dispersiyon penceresi

CALPUFF sihirbazında eğer seçilmediyse modellenecek olan kirletici türü veya türleri Tablo 4.42'de 6. sırada gösterilen "Species" düğmesine tıklanarak seçilebilir. Aynı tablodaki 7 numaralı düğme ise kaynakların modele girilmesi için kullanılır. CALPUFF View modeline noktasal kaynakların girilmesi Şekil 4.32'de, çizgisel kaynakların girilmesi Şekil 4.33'te ve poligon alansal kaynakların girilmesi de Şekil 4.34'te gösterilmiştir. Modele girilen kaynağın emisyon oranının yazılabilmesi için sağ alt köşedeki "Emisyon Oranları..." (Emission Rates...) düğmesine tıklamak gereklidir. Bu düğmeye tıklandığında Şekil 4.35'de gösterilen pencereden her bir kaynak için emisyon oranını yazmak mümkün olacaktır. Değişken emisyon oranları söz konusu ise yine aynı pencereden modele girilecektir. Bu çalışmada, daha önce de belirtildiği gibi alansal kaynaklar değişken emisyon kaynağı olarak modellenmiştir.

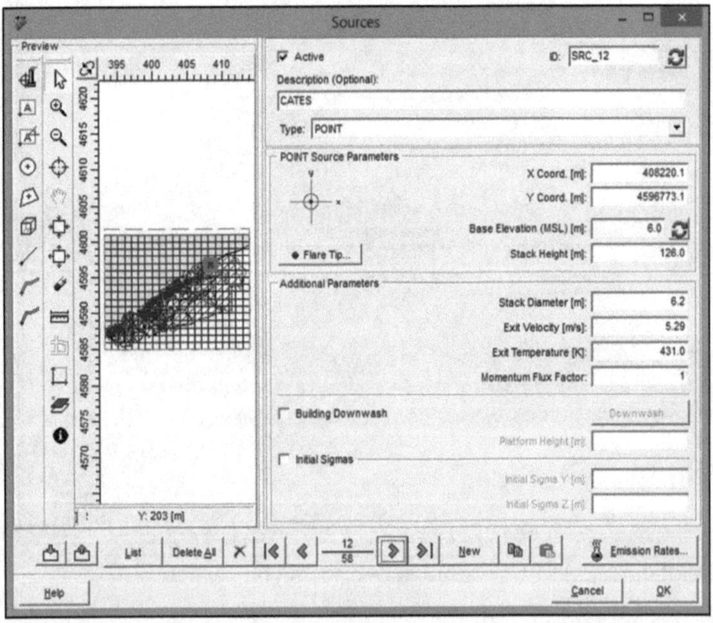

Şekil 4.32. Noktasal kaynakların CALPUFF View modeline girilmesi

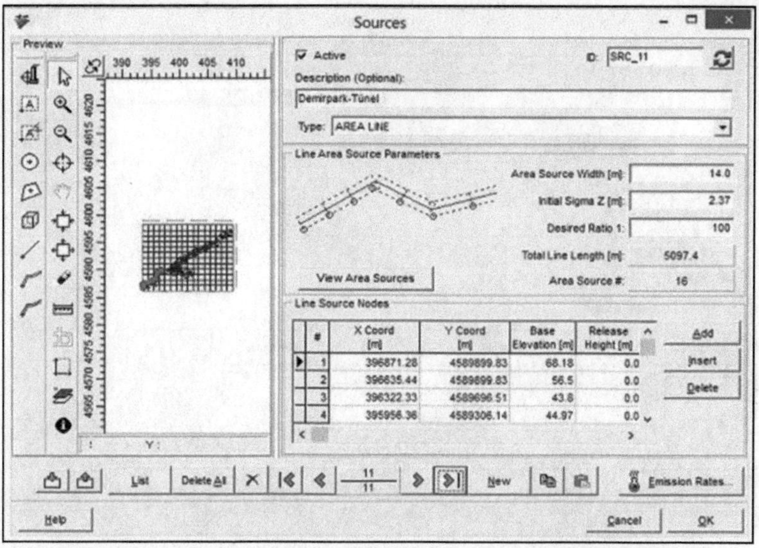

Şekil 4.33. Çizgisel kaynakların CALPUFF View modeline girilmesi

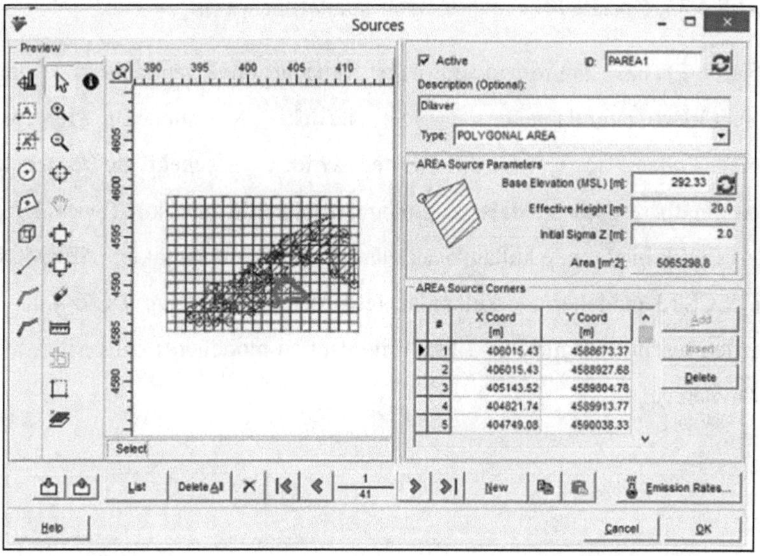

Şekil 4.34. Alansal kaynakların CALPUFF View modeline girilmesi

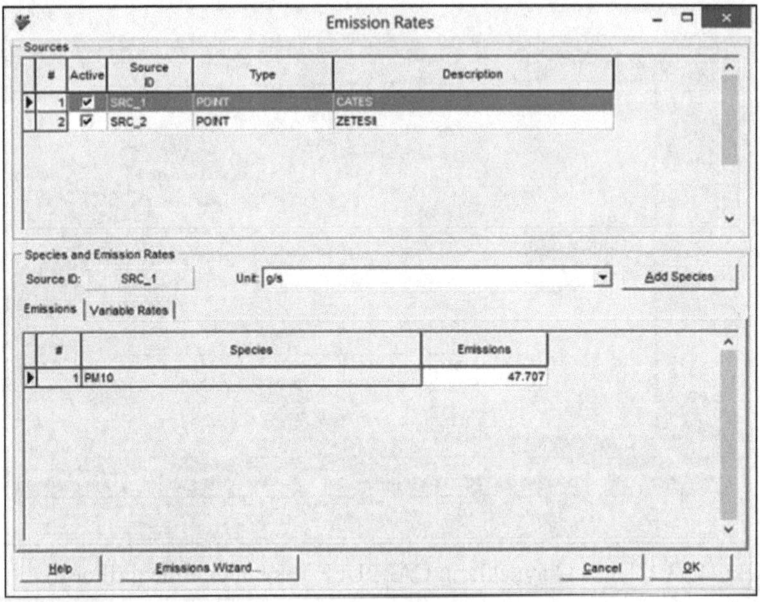

Şekil 4.35. CALPUFF View emisyon oranları penceresi

CALPUFF hava kalitesi modeli çalıştırılmadan önce yapılacak son işlem reseptörleri tanımlamaktır. Tablo 4.42'deki "8" numaralı "Recept." düğmesinden "İç içe Gird" (Nested Grid...) seçeneği ile kartezyen koordinatlı reseptör noktaları tanımlamak mümkün olacaktır (Şekil 4.36). CALPUFF modelinde kullanılacak olan reseptörlerin özellikleri AERMOD ve ISCST3 modellerinde kullanılan reseptörlerle aynı olup Tablo 4.40'da verilen reseptör bilgileri CALPUFF ile yapılan modelleme çalışmaları için de aynen geçerlidir.

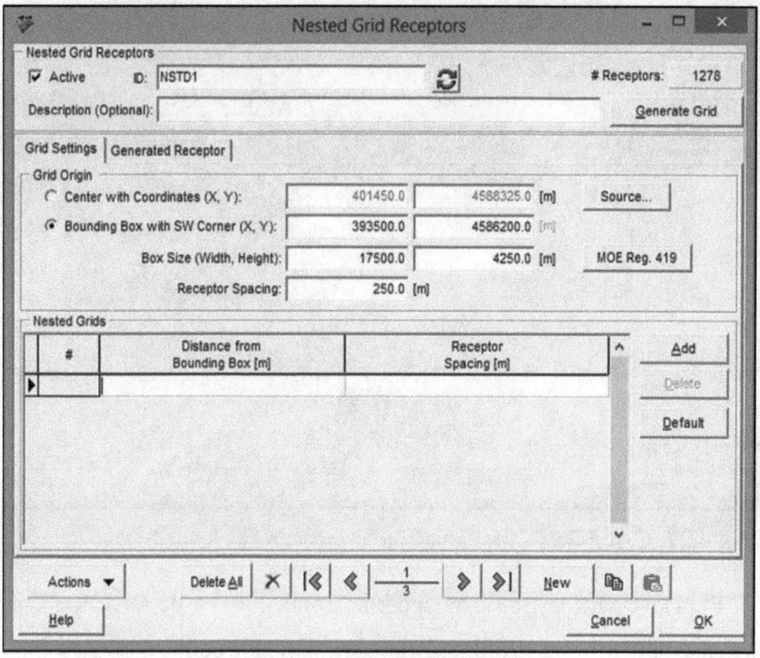

Şekil 4.36. CALPUFF View - iç içe grid penceresi

Reseptörlerin de modele girilmesi tamamlandıktan sonra CALPUFF modeli çalıştırılır. Modelin çalışıp bittikten sonra Tablo 4.42'de "10" numara ile gösterilen düğme yardımıyla CALPOST son işlemcisi açılır. CALPOST kullanılarak konsantrasyon, kuru ve yaş çökelmeden hangilerinin hesaplanacağı seçilebilir. Bu çalışmada sadece konsantrasyon hesapları yapılmış olup kuru veya yaş çökelme hesaplanmamıştır. Ortalama süreler 1-saatlik, 24-saatlik ve 1-yıllık (1 yıllık süre kullanıcı tarafından tanımlanmalıdır) olarak tanımlanmıştır (Şekil 4.37).

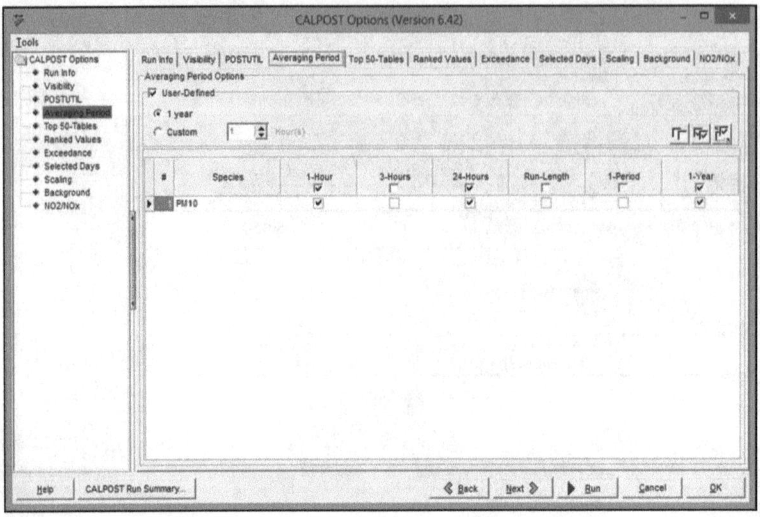

Şekil 4.37. CALPOST - ortalama süreler penceresi

CALPOST seçenekleri de ayarlandıktan sonra bu kez de CALPOST son işlemcisi çalıştırılır ve kirlilik dağılım haritaları elde edilir.

4.6. Model Performansının Belirlenmesi için Veri Üretimi

Model performansının belirlenebilmesi için modelleme çalışmaları bittikten sonra mevcut proje dosyaları farklı kaydedilerek yeni bir proje oluşturulur. Bu proje dosyası içinde yer alan tüm reseptör (grid) noktaları silindikten sonra sadece hava kalitesi izleme istasyonunun bulunduğu koordinatı merkez kabul eden yeni bir reseptör (kartezyen grid) eklenir. AERMOD View yazılımını tek bir noktanın eklenmesine izin verirken, CALPUFF View ile 9 noktadan oluşan reseptör noktalarını tanımlamak gereklidir. Daha az reseptör nokta tanımlamaktaki amaç modelin çalışma süresini günlerden dakikalara indirmektir. AERMOD View'da "Çıktı Seçenekleri"nden (Output Pathway) 24 saatlik POS dosyası oluşturması için gerekli ayarlar yapılır. CALPUFF View'da CALPOST son işlemcisinden "Seçili Günler" (Selected Days) sekmesinden yılın tüm günleri seçilir. Yine CALPOST içerisinde yer alan "Ortalama Süreler"den (Averaging Period) ise sadece 24 saat seçilir. Modeller bir kez de bu şekilde çalıştırılarak sadece istenilen koordinat için konsantrasyon hesaplamaları sağlanır. AERMOD View yazılımında projenin kayıtlı olduğu klasör içerisinde yer alan AERMOD modeli için "prejeismi.AD", ISCST3 modeli için de "prejoismi.IS" klasörünün içerisinde bulunan *.POS dosyasında hava izleme istasyonunun bulunduğu noktaya ait günlük PM_{10} konsantrasyonları bulunmaktadır. CALPUFF View yazılımı ise her gün için farklı bir dosya üretmektedir. Fakat bu verileri bir araya getirmek zor değildir. MS-DOS komut penceresinde COPY komutunu kullanılarak tüm verileri tek bir metin dosyasında birleştirmek mümkündür. Elde edilen bu veri setleri Microsoft Excel veya benzeri bir elektronik hesap yazılımına aktarıldığında, model performansının belirlenmesi için yapılması gereken istatistiksel parametreler kolaylıkla hesaplanabilir.

Model performansının belirlenmesi amacıyla Zonguldak Hava Kalitesi İzleme İstasyonu'nun 2008-2011 yılları arasındaki değerleri kullanılacaktır. Ancak, "Hava Kalitesi İzleme İstasyonları Web Sitesi"nde "Yayınlanmakta olan veriler doğrulaması yapılmamış olan ham verilerdir." İfadesi bulunmaktadır. Dolayısıyla, ölçülen değerler arasında herhangi bir uç değere sahip olan verinin bulunması model performansını etkileyecektir. Bu nedenle, 2008, 2009, 2010 ve 2011 yılları için ölçülen değerlerin aylık kutu grafikleri çizilmiştir. Kutu grafiklerinde minimumdan küçük ve maksimumdan büyük olan değerler uç değerlerdir. Uç değerler, olasılık dağılım fonksiyonunda sadece % 0,7'lik bir bölümü oluştururlar. Dolayısıyla, bu çalışmada uç değer olduğu tespit edilen veriler model performansı belirleme işlemine dahil edilmemiştir. 2008, 2009, 2010 ve

2011 yılları için çizilen kutu grafikleri sırasıyla Şekil 4.38, Şekil 4.39, Şekil 4.40 ve Şekil 4.41 gösterilmiştir. Grafiklerde uç değerler, minimum değerin altında veya maksimum değerin üzerinde nokta veya yıldız ile gösterilen değerlerdir. 2008 yılı için Mayıs ve Temmuz aylarında, 2009 yılında Şubat, Mayıs, Haziran, Temmuz, Ağustos ve Eylül aylarında, 2010 yılında ise Mayıs ve Haziran aylarında PM_{10} ölçümlerinde uç değerlerin bulunduğu istatistiksel olarak tespit edilmiştir. 2011 yılında ise PM_{10} ölçümlerinde herhangi bir uç değere rastlanmamıştır.

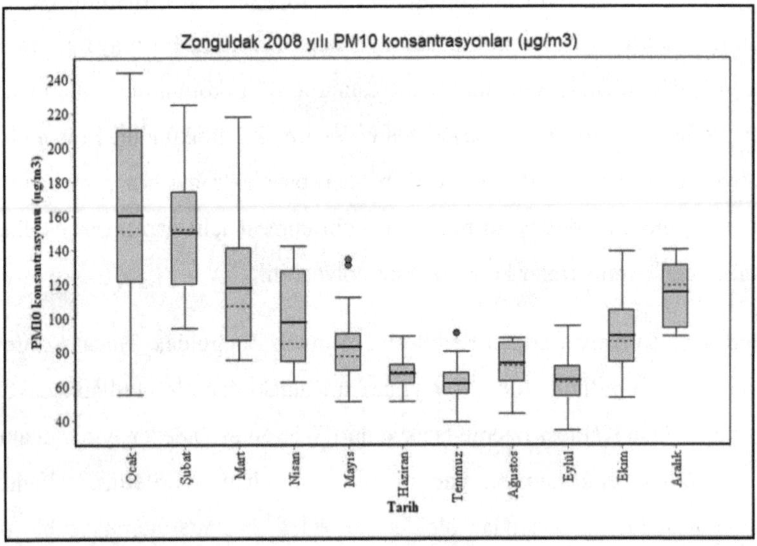

Şekil 4.38. 2008 yılı PM_{10} ölçümleri - kutu grafiği

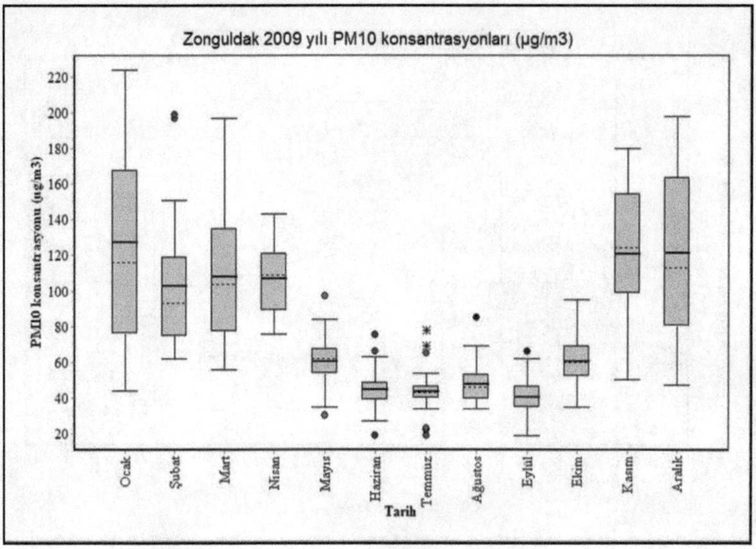

Şekil 4.39. 2009 yılı PM_{10} ölçümleri - kutu grafiği

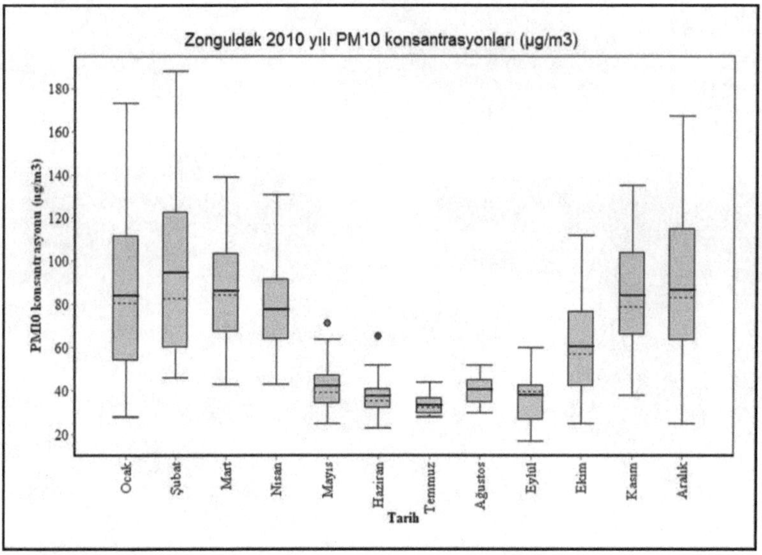

Şekil 4.40. 2010 yılı PM_{10} ölçümleri - kutu grafiği

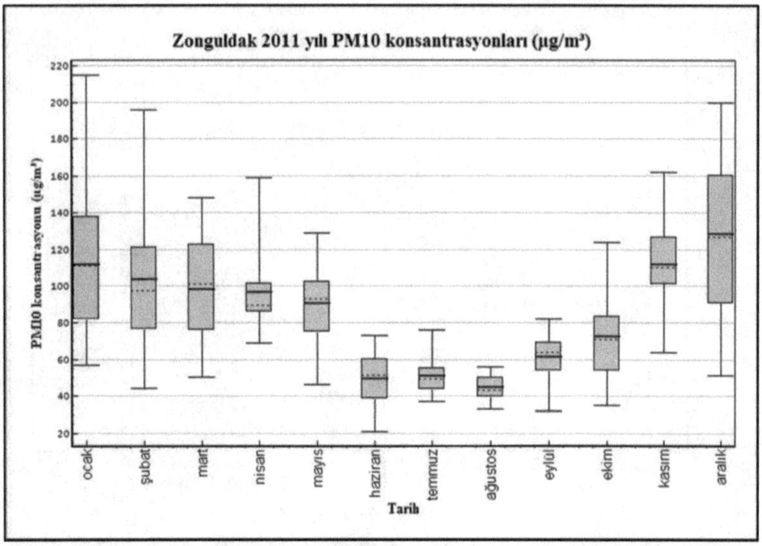

Şekil 4.41. 2011 yılı PM_{10} ölçümleri - kutu grafiği

5. BULGULAR ve TARTIŞMA

5.1. PM_{10} Emisyon Envanteri Sonuçları

Çalışma alanında PM_{10} emisyon envanteri sanayiden, ulaşımdan ve ısınmadan kaynaklanan emisyonlar için hazırlanmıştır. Sanayi tesisleri olarak Çatalağzı Enerji Havzası'nda yer alan ÇATES ve ZETES-II çalışmaya dâhil edilmiş olup, ZETES-I arızalı olduğundan dolayı envantere dâhil edilmemiştir. Envanter sonucunda ÇATES kaynaklı PM_{10} emisyonu 1504,51 ton/yıl ve ZETES-II kaynaklı PM_{10} emisyonu da 144,23 ton/yıl olarak hesaplanmıştır. Her iki termik santralin toplam PM_{10} emisyonu ise 1648,74 ton/yıl'dır. Sanayiden kaynaklanan PM_{10} emisyonlarında ÇATES'in payı % 91 ve ZETES-II'nin payı da % 9'dur. Ulaşımdan kaynaklanan PM_{10} emisyonlarını hesaplayabilmek için dizel yakıt tüketen motorlu taşıtların emisyonları ve Zonguldak Limanındaki gemilerden kaynaklanan emisyonlar çalışma kapsamına alınmıştır. Çalışma alanında motorlu taşıtlardan kaynaklanan PM_{10} emisyon miktarı 15,80 ton/yıl olarak hesaplanmıştır. Limandaki gemilerin faaliyetleri sonucunda da 8,40 ton PM_{10} atmosfere salınmaktadır. Isınma kaynaklı emisyonların hesaplanmasında da evsel ısınma ve yakıt tüketim bilgilerine erişilen kurum ve kuruluşlarının PM_{10} emisyonları envantere dâhil edilmiştir. Isınmadan kaynaklı PM_{10} emisyonlarını belirleyebilmek için hazırlanan envanter toplam 3 ilçe ve 1 beldede mahalleler bazında hesaplanmış olup Muslu ve Gelik beldelerinin emisyonları da hesaplamaya dahil edilmiştir. Sonuçta, ısınma amacıyla yakıt tüketiminden kaynaklanan PM_{10} emisyon miktarları Zonguldak Merkez'de 531,49 ton/yıl, Kilimli'de 151,94 ton/yıl, Kozlu'da 283,43 ton/yıl ve Çatalağzı'nda 43,75 ton/yıl, Muslu'da 9,95 ton/yıl ve Gelik'de de 16,72 ton/yıl olarak hesaplanmıştır. Çalışma alanında, ısınmadan kaynaklanan toplam PM_{10} emisyon miktarı ise 1037,28 ton/yıl olarak belirlenmiştir. Bu bilgilerin ışığında, çalışma alanındaki toplam PM_{10} emisyonunun 2710,22 ton/yıl olduğu ortaya çıkmaktadır. PM_{10} emisyon envanteri sonuçları toplu olarak Tablo 5.1'de sunulmuştur. Kirletici kaynaklarının ayrı ayrı yüzdelik payları ise Şekil 5.1'de verilmiştir. Her bir kaynak türünün toplam emisyona katkı miktarlarına bakıldığında ise sanayi tesislerinin % 60,83 değeri ile ilk sırada olduğu ve ısınmadan kaynaklanan emisyonların da % 38,27'lik bir paya sahip olduğu görülmüştür. Çalışma alanında, ulaşımdan kaynaklanan PM_{10} emisyonun toplamdaki payı sadece % 0,89'dur.

Tablo 5.1. PM_{10} emisyon envanteri sonuçları

Kaynak Türü	Emisyon Kaynağı	PM_{10} Emisyonu (ton/yıl)	Toplam
Sanayi	ÇATES	1504,51	1648,74
	ZETES II	144,23	
Ulaşım	Motorlu Taşıtlar	15,80	24,20
	Liman	8,40	
Isınma	Zonguldak	531,49	1037,28
	Kilimli	151,94	
	Kozlu	283,43	
	Çatalağzı	43,75	
	Muslu	9,95	
	Gelik	16,72	
Toplam			2710,22

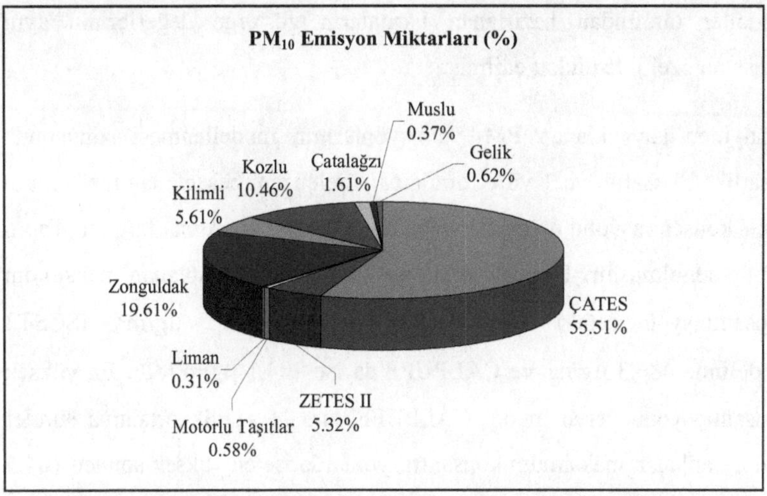

Şekil 5.1. PM_{10} emisyon miktarları (%)

5.2. Sanayiden Kaynaklanan PM_{10} Emisyonları Modellemesi Sonuçları

Modelleme işlemi sonucunda, yazılımlar her bir reseptör noktasında oluşan pik değeri kullanarak kirlilik dağılım haritasının oluştururlar. 1 saatlik ortalama sürüler için oluşturulan haritaların en yüksek konsantrasyonları, 24 saatlik ortalama süreler için oluşturulan haritaların ortalama değerleri ve son olarak da 1 yıllık ortalama süreler için hazırlanan haritaların da minimum konsantrasyon değerlerini gösterdiği söylenebilir. Bu haritaların, daha anlaşılır bir şekilde sunulabilmesi için kirlilik miktarını gösteren renk göstergesinin uygun bir şekilde ayarlanması gereklidir. Yüksek konsantrasyon değerlerine ulaşıldığında, göstergelerde Tablo 1.2'de verilen Hava Kalitesi İndeksindeki değer aralıkları ve renkler kullanılmıştır. Düşük konsantrasyonları gösteren haritaların göstergelerinde ise konsantrasyon miktarına göre 0,1 – 0,5 – 1 – 5 – 10 – 25 – 50 $\mu g/m^3$ gibi değerler kullanılmıştır. Aynı kirletici gurubu ve aynı ortalama süreler için farklı modeller tarafından hazırlanan haritaların gösterge değerlerinin aynı olmasına özellikle dikkat edilmiştir.

Sanayiden kaynaklanan PM_{10} emisyonlarının modellenmesi sonucunda 1saatlik, 24 saatlik ve 1 yıllık ortalama süreler için hesaplanan maksimum PM_{10} konsantrasyonu değerleri ve bu değerlere ait koordinat bilgileri Tablo 5.2'de sunulmuştur. 1 saatlik ortalama süreler için hesaplanan maksimum konsantrasyon değeri AERMOD modelinde 177,3 $\mu g/m^3$, ISCST3 modelinde 486,3 $\mu g/m^3$ ve CALPUFF'da ise 704,1 $\mu g/m^3$'dür. En yüksek konsantrasyonu veren model CALPUFF'dur. 24 saatlik ortalama süreler için hesaplanan maksimum konsantrasyonlarda ise en yüksek sonucu 104,5 $\mu g/m^3$ değeri ile ISCST3 modeli vermiştir. CALPUFF ve AERMOD modellerinin hesaplamış olduğu konsantrasyon değerleri birbirine oldukça yakındır (sırasıyla 36,0 $\mu g/m^3$ ve 36,9 $\mu g/m^3$). 1 yıllık ortalama sürelerde ise en yüksek sonucu 3,6 $\mu g/m^3$ ISCST3 modeli vermiş olup onu AERMOD ve CALPUFF modelleri 2,7 $\mu g/m^3$ PM_{10} değerini vermişlerdir. Tablo 5.2'de ayrıca maksimum konsantrasyonların hangi mahalle sınırı içinde oluştuğu bilgisi de verilmiştir. Modelleme sonuçlarına göre sanayiden kaynaklanan emisyonlardan en fazla etkilenen mahalle Çatalağzı Beldesi'ndeki Kuzyaka Mahallesi'dir.

Tablo 5.2. Sanayiden kaynaklanan maksimum PM_{10} konsantrasyonları

Ortalama Süre	Model	Maksimum Konsantrasyon ($\mu g/m^3$)	X Koordinatı (m)	Y Koordinatı (m)	Mahalle
1 saatlik	AERMOD	177,3	408250	4596000	Kuzyaka
	ISCST3	486,3	408750	4595500	Kuzyaka
	CALPUFF	740,1	405500	4591750	Subatan
24 saatlik	AERMOD	36,9	408250	4597500	Çatalağzı Liman
	ISCST3	104,5	409000	4595500	Kuzyaka
	CALPUFF	36,0	406750	4589750	Gelik
1 yıllık	AERMOD	2,7	407750	4596000	Kuzyaka
	ISCST3	3,6	410000	4597500	Muslu
	CALPUFF	2,7	404500	4592500	Damarlı

Noktasal kaynakların modellenmesi sonucunda 1saatlik, 24 saatlik ve 1 yıllık ortalama süreler için PM_{10} kirlilik dağılım haritaları da oluşturulmuştur. 1 saatlik ortalama süreler için AERMOD, ISCST3 ve CALPUFF modellerinin verdiği haritalar sırasıyla Şekil 5.2, Şekil 5.3 ve Şekil 5.4'de gösterilmiştir. 1 saatlik ortalama süreler için oluşturulan kirlilik dağılım haritaları incelendiğinde Şekil 5.2'de AERMOD modelinin pik PM_{10} konsantrasyonunu ÇATES etrafında verdiği ve santralden uzaklaştıkça kirlilik miktarının azaldığı görülmektedir. Bu durum, beklenen bir sonuçtur. Çünkü, adı geçen termik santralin teknolojisi oldukça eski olmakla beraber baca gazı kontrol üniteleri yetersiz kalmakta ve sık sık arızalanmaktadır. Şekil 5.3'te ISCST3 modelinin çıktıları incelendiğinde pik konsantrasyonun ÇATES'in güneyinde ZETES II'nin doğusunda oluştuğu gözlenmektedir. CALPUFF modeli ise diğer iki modelden farklı olarak maksimum konsantrasyonun Kilimli İlçesi'nin Subatan Mahallesi'nde gösterecek şekilde bir kirlilik dağılım haritası vermiştir (Şekil 5.4). Ayrıca, CALPUFF modelinin verdiği haritada kirliliğin çok daha geniş bir alana yayılmış olduğu görülmektedir.

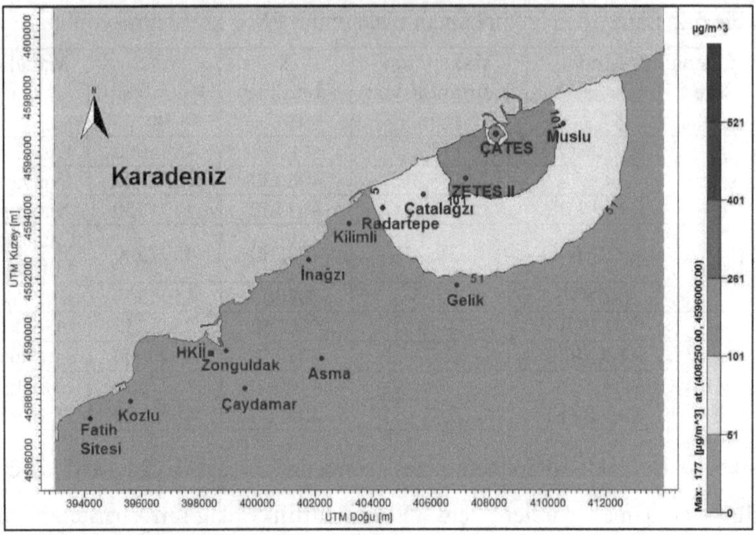

Şekil 5.2. AERMOD - sanayi kaynakları için 1 saatlik PM_{10} konsantrasyonları

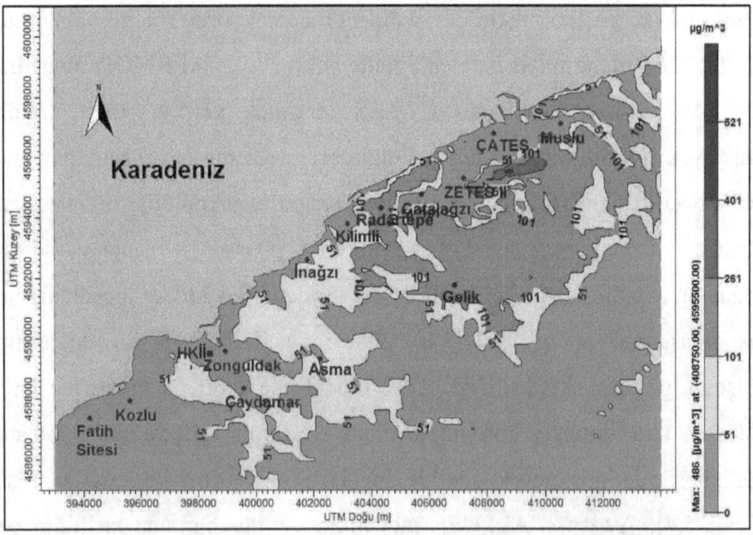

Şekil 5.3. ISCST3 - sanayi kaynakları için 1 saatlik PM_{10} konsantrasyonları

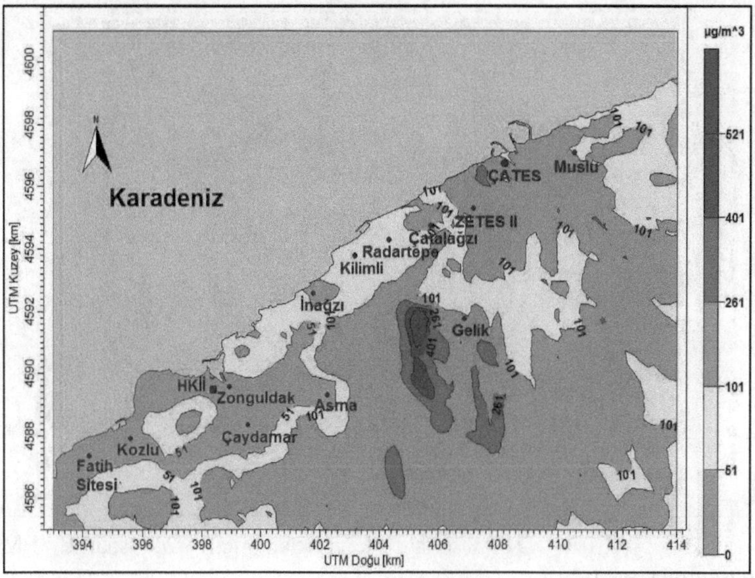

Şekil 5.4. CALPUFF - sanayi kaynakları için 1 saatlik PM_{10} konsantrasyonları

24 saatlik ortalama süreler için AERMOD, ISCST3 ve CALPUFF modellerinin verdiği haritalar da sırasıyla Şekil 5.5, Şekil 5.6 ve Şekil 5.7'de gösterilmiştir. 24 saatlik ortalama süreler için oluşturulan kirlilik dağılım haritaları incelendiğinde ise oluşan haritaların, her bir modelin 1 saatlik sürelerde vermiş olduğu haritalara benzediği görülmektedir. AERMOD ve CALPUFF tarafından verilen pik konsantrasyon değerleri birbirlerine oldukça yakındır. ISCST3 modeli maksimum konsantrasyon değeri olarak diğer iki modele kıyasla 3 kat daha yüksek PM_{10} konsantrasyonu tahmin etmiştir (Şekil 5.5). AERMOD modelinde pik değerler yine ÇATES'in 1-1,5 km yakınındaki mesafelerde oluşmaktadır (Şekil 5.4). CALPUFF ise maksimum konsantrasyonu bu sefer Gelik Beldesi'nin güney tarafında tahmin etmiştir (Şekil 5.6).

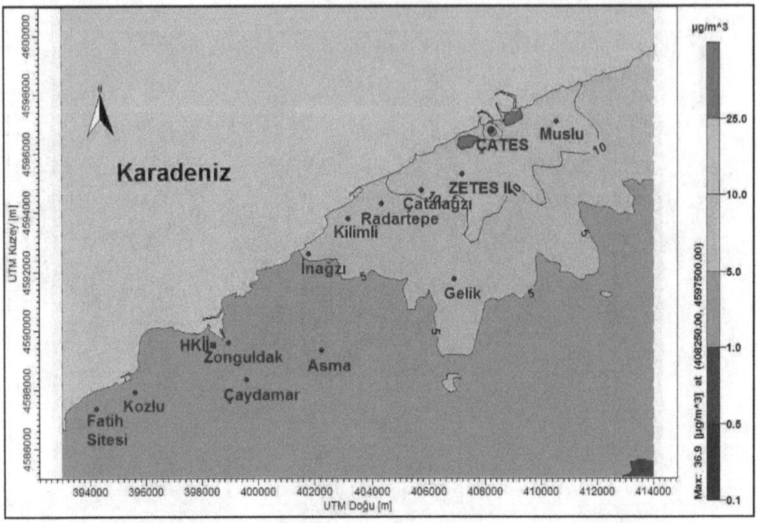

Şekil 5.5. AERMOD - sanayi kaynakları için 24 saatlik PM_{10} konsantrasyonları

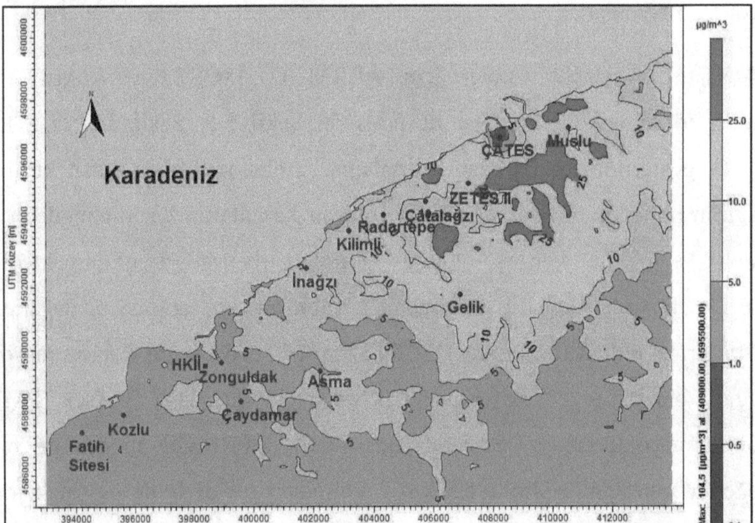

Şekil 5.6. ISCST3 - sanayi kaynakları için 24 saatlik PM_{10} konsantrasyonları

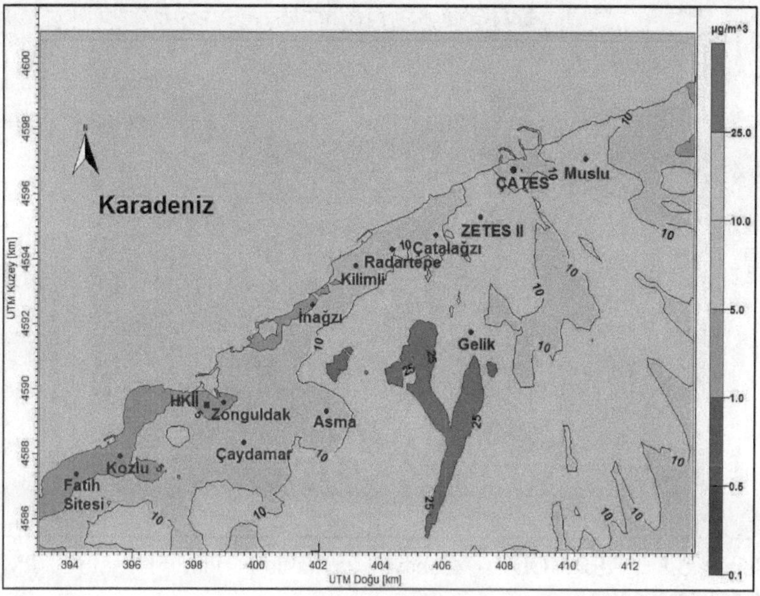

Şekil 5.7. CALPUFF - sanayi kaynakları için 24 saatlik PM_{10} konsantrasyonları

1 yıllık ortalama süreler için AERMOD, ISCST3 ve CALPUFF modellerinin verdiği haritalar da sırasıyla Şekil 5.8, Şekil 5.9 ve Şekil 5.10'de gösterilmiştir. AERMOD'un sunduğu dağılım haritasına göre maksimum PM_{10} konsantrasyonu ÇATES ve ZETES II'nin arasında kalan bölgede oluşmaktadır (Şekil 5.8). ISCST3 modeli, 1 yıllık ortalama sürelerde 3 farklı bölgede kirlilik yoğunluğunun oluştuğunu göstermektedir (Şekil 5.9). CALPUFF ise pik değerleri Kilimli İlçesi'nin Damarlı Mahallesi'nde vermiş ve kirliliğin Zonguldak tarafında doğru yayıldığını göstermiştir (Şekil 5.10).

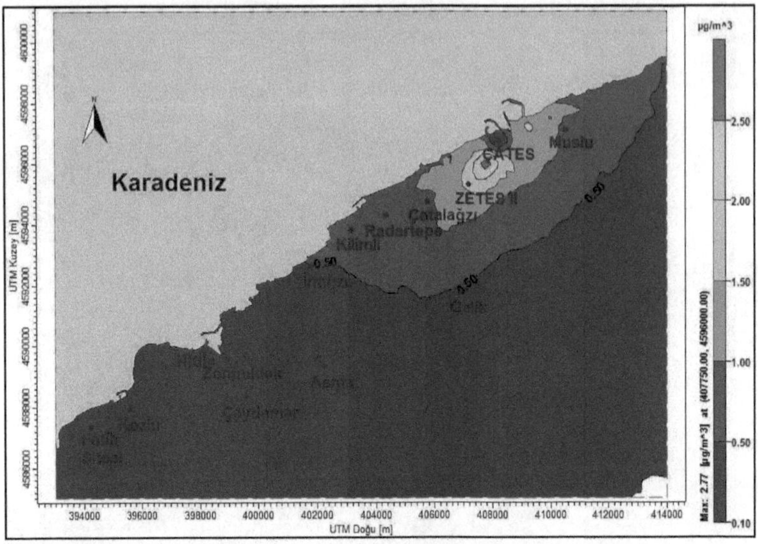

Şekil 5.8. AERMOD - sanayi kaynakları için 1 yıllık PM_{10} konsantrasyonları

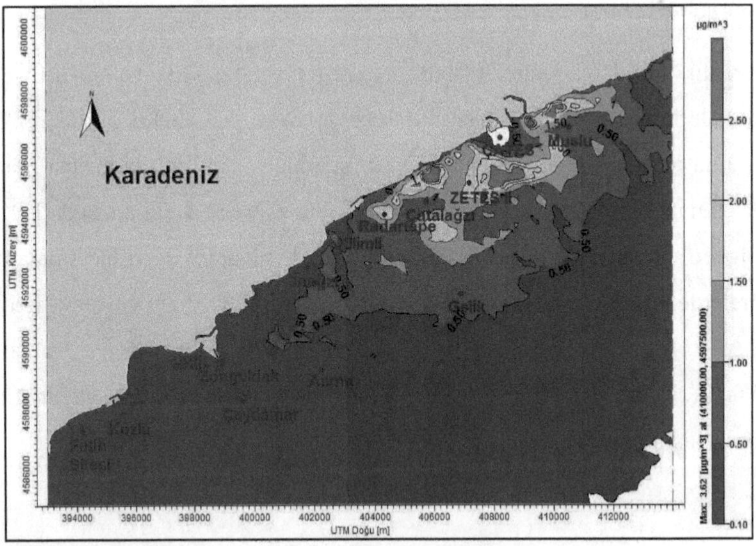

Şekil 5.9. ISCST3 - sanayi kaynakları için 1 yıllık PM_{10} konsantrasyonları

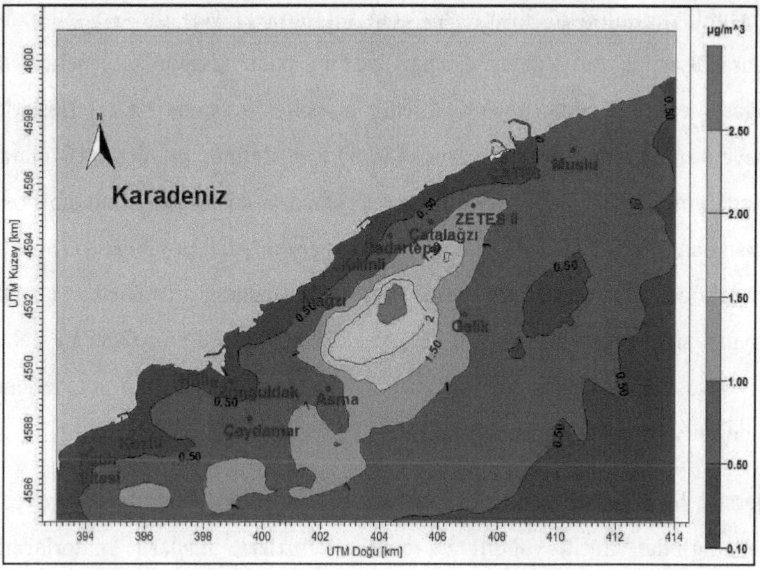

Şekil 5.10. CALPUFF - sanayi kaynakları için 1 yıllık PM_{10} konsantrasyonları

5.3. Ulaşımdan Kaynaklanan PM_{10} Emisyonları Modellemesi Sonuçları

Ulaşımdan kaynaklanan emisyonların modellenebilmesi için motorlu taşıtların emisyonları modellere çizgisel kaynak olarak ve limandaki gemi trafiğinden kaynaklanan emisyonlar da modellere alansal kaynak olarak girilmiştir. Elde edilen sonuçların değerlendirilmesinden önce, kısaca çizgisel kaynak emisyonlarının modellenmesi hakkında tartışılması daha uygun olacaktır. Öncelikle, belirtilmesi gereken en önemli husus bu çalışmada kullanılan üç modelin de çizgisel kaynak modellemeye uygun modeller olmadığıdır. Her üç model de çizgisel kaynakları doğrudan modelleyemez. Ancak, yolun uzunluğu ve genişliği gibi bilgiler modele girildiği zaman çizgisel kaynak, birbirini takip eden alansal kaynaklar olarak tanımlanmaktadır. Çizgisel kaynakların modellere girilmesi sırasında farklılıklar oluşmaması için bir modele veri girişi yapıldıktan sonra kaynaklar "dışa aktar" (Export) ve "içe aktar" (Import) seçenekleri ile diğer modellere aktarılmıştır. Ancak, modeller arasında bazı farklılıklar mevcuttur. Yolun "boy/en oranı" ISCST3 modelinde en fazla 10 olarak yazılabilmektedir. Diğer modellerde hesaplama süresinin kısaltılabilmesi açısından bu değer 100 olarak modele girilmiştir. Böylelikle, ISCST3 modelinde boyutları daha kısa fakat çok daha fazla sayıda alansal kaynaklar oluşturulmuştur. Bu nedenle, ISCST3 modelinin diğer modeller ile kıyaslanması sonucunda farklı sonuçların oluşacağını modelleme işlemini yapmadan bile kestirmek söz konusudur.

Her üç hava kalitesi modeli de çizgisel kaynakları modellemeye uygun olmadığından trafik yoğunluğu, araçların hızları, araçların motorlarının çalışma süreleri (hot start – cold start) gibi faktörleri göz önünde almaktan uzaktırlar. Araç hızları emisyon faktörünün seçilmesi sırasında dikkate alınmış ve bu faktörün etkisi en aza indirilmeye çalışılmıştır. Fakat trafik yoğunluğu modeller tarafından hesaba katılamamaktadır. Motorlu taşıtlardan kaynaklanan PM_{10} emisyonlarının modellenmesi için Amerika Birleşik Devletleri'ndeki Kaliforniya Eyaleti Ulaştırma Departmanı tarafından geliştirilmiş olan CALINE (CAlifornia LINE – Kaliforniya Çizgi) Modeli daha uygun bir seçim olacaktır.

Bu kısa değerlendirmenin ardından ulaşımdan kaynaklanan emisyonlar için yapılan model sonuçlarını inceleyebiliriz. Ulaşımdan kaynaklanan PM_{10} emisyonları için 1saatlik, 24 saatlik ve 1 yıllık ortalama süreler için hesaplanan maksimum PM_{10} konsantrasyonu değerleri, pik konsantrasyonun oluştuğu koordinatlar ve bu koordinatların hangi mahallede yer aldığına dair bilgiler Tablo 5.3'de sunulmuştur. 1 saatlik ortalama süreler için hesaplanan maksimum konsantrasyonlarda en yüksek sonucu CALPUFF modeli vermiştir (166,0 µg/m^3). AERMOD ve ISCST3 modellerinin sonuçları, sırasıyla 69,5 ve 35,5 µg/m^3, sonuçlarını vermişlerdir. 24 saatlik ve 1 yıllık ortalama süreler için de CALPUFF, diğer iki modelden daha yüksek sonuçlar tahmin etmiştir. 24 saatlik sonuçlara göre oluşan maksimum PM_{10} konsantrasyonları CALPUFF'ta 69,5 µg/m^3, AERMOD'da 25,4 µg/m^3 ve ISCST3'de ise 16,6 µg/m^3'dür. 1 yıllık sürelerde ise maksimum PM_{10} konsantrasyonları CALPUFF'ta 18,1 µg/m^3, AERMOD'da 6,5 µg/m^3 ve ISCST3'de ise 4,6 µg/m^3'dür. 1 saatlik ortalama sürelerde maksimum konsantrasyonlar Asma ve Terakki Mahalleleri sınırları içerisinde kalmaktadır. 24 saatlik ve 1 yıllık ortalama sürelerde ise maksimum konsantrasyonlar Zonguldak Limanında gözlenmiştir. Bu sonuçlar ışığında gemi trafiğinden kaynaklı PM_{10} emisyonlarının motorlu taşıt trafiğine göre çok daha önemli bir emisyon kaynağı olduğu söylenebilir.

Tablo 5.3. Ulaşım kaynaklarının modellemesi - maksimum PM_{10} konsantrasyonları

Ortalama Süre	Model	Maksimum Konsantrasyon (µg/m^3)	X Koordinatı (m)	Y Koordinatı (m)	Mahalle
1 saatlik	AERMOD	69,5	398250	4590000	Terakki
	ISCST3	35,5	401750	4589500	Asma
	CALPUFF	166,0	398500	4589750	Terakki
24 saatlik	AERMOD	25,4	398500	4590250	Liman
	ISCST3	16,6	398500	4590250	Liman
	CALPUFF	69,5	398500	4590000	Liman
1 yıllık	AERMOD	6,5	398500	4590250	Liman
	ISCST3	4,6	398500	4590250	Liman
	CALPUFF	18,1	398500	4590250	Liman

1 saatlik ortalama süreler için AERMOD, ISCST3 ve CALPUFF modellerinin verdiği haritalar sırasıyla Şekil 5.11, Şekil 5.12 ve Şekil 5.13'de gösterilmiştir. Her üç modelin verdiği çıktılar incelendiğinde

kirliliğin ağırlıklı olarak Zonguldak Limanı ve etrafındaki mahallelerde (Terakki ve Meşrutiyet) oluştuğunu söylemek mümkündür. ISCST3 modeli diğer iki modele kıyasla kirlilik dağılımını çok daha dar bir bölgede göstermektedir. AERMOD modelinde kirlilik envanterde kullanılan yollar üzerinde biraz daha fazla dağılmıştır. CALPUFF ise kirleticileri daha geniş bir alana dağıtan bir harita vermiştir. Ayrıca, CALPUFF modelinin vermiş olduğu haritada Ankara ve İstanbul yolları olarak bilinen yollar (emisyon envanterinde 7 ve 11 numaralı yollar) üzerinde de kirliliğin diğer iki modele kıyasla daha fazla oluştuğu görülmektedir (Şekil 5.13).

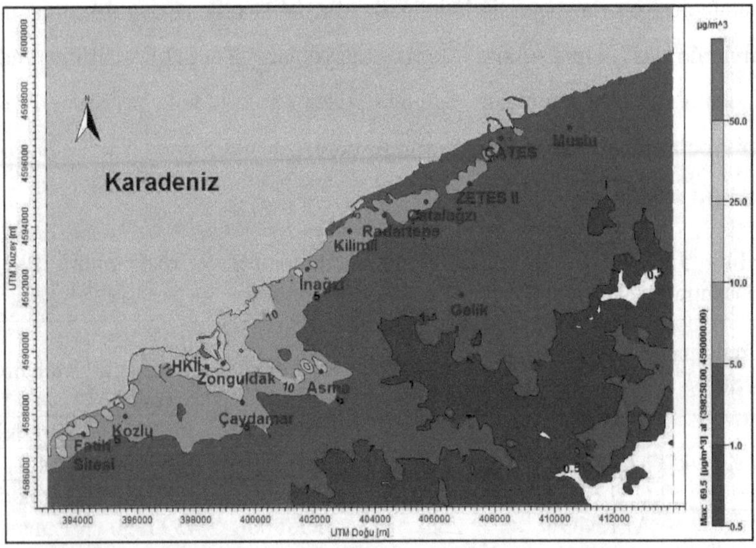

Şekil 5.11. AERMOD - ulaşım kaynakları için 1 saatlik PM_{10} konsantrasyonları

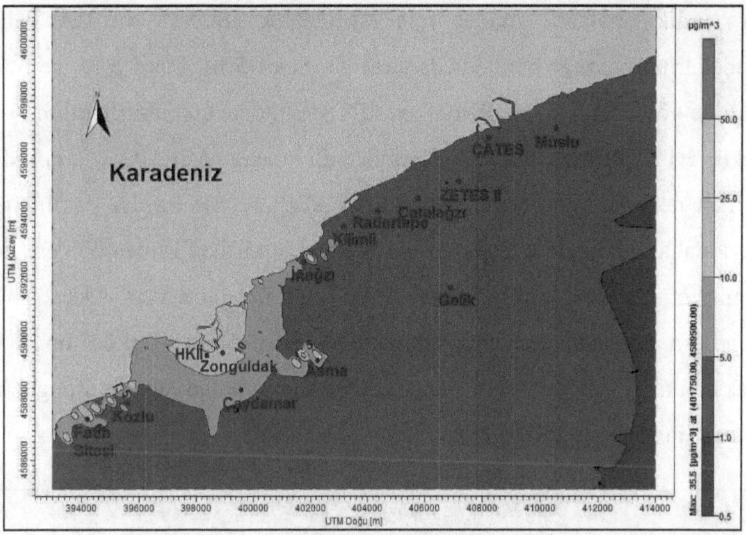

Şekil 5.12. ISCST3 - ulaşım kaynakları için 1 saatlik PM_{10} konsantrasyonları

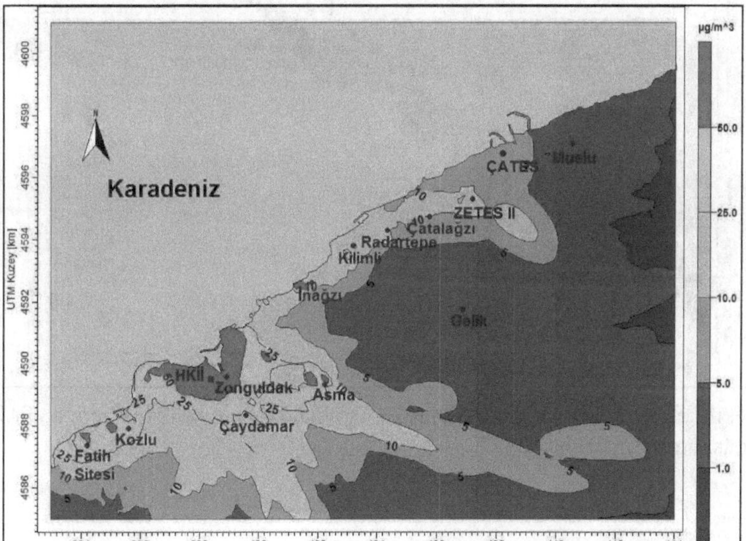

Şekil 5.13. CALPUFF - ulaşım kaynakları için 1 saatlik PM_{10} konsantrasyonları

24 saatlik ortalama süreler için AERMOD, ISCST3 ve CALPUFF modellerinin verdiği haritalar da sırasıyla Şekil 5.14, Şekil 5.15 ve Şekil 5.16'de gösterilmiştir. AERMOD ve ISCST3 model çıktıları (Şekil 5.14 ve Şekil 5.15) benzer sonuçlar vermişlerdir, fakat AERMOD tarafından verilen değerler biraz daha yüksektir. CALPUFF ise kirlilik dağılımının biraz daha iç bölgelere taşındığını göstermekle birlikte Liman bölgesinden sonra hem Ankara yolu hem de İstanbul yolu üzerinde daha yüksek PM_{10} değerlerinin olduğunu tahmin etmektedir (Şekil 5.16). Her üç model de maksimum PM_{10} konsantrasyonunun oluştuğu bölge olarak Zonguldak Limanı'nı işaret etmektedirler.

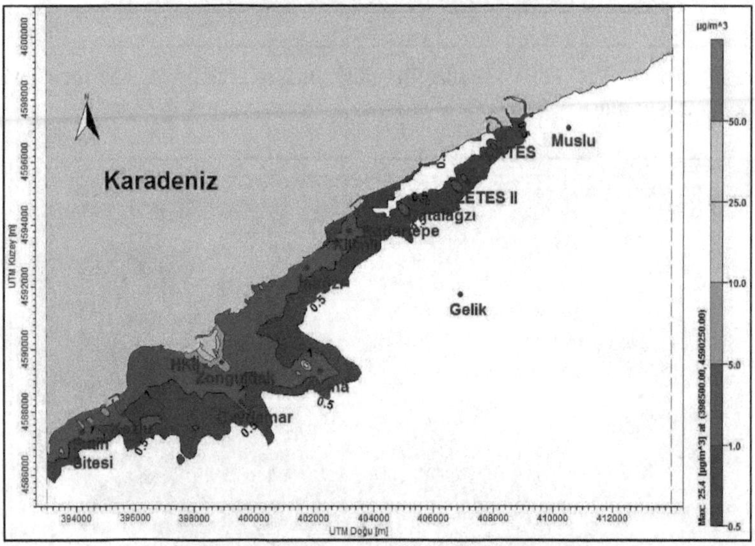

Şekil 5.14. AERMOD - ulaşım kaynakları için 24 saatlik PM_{10} konsantrasyonları

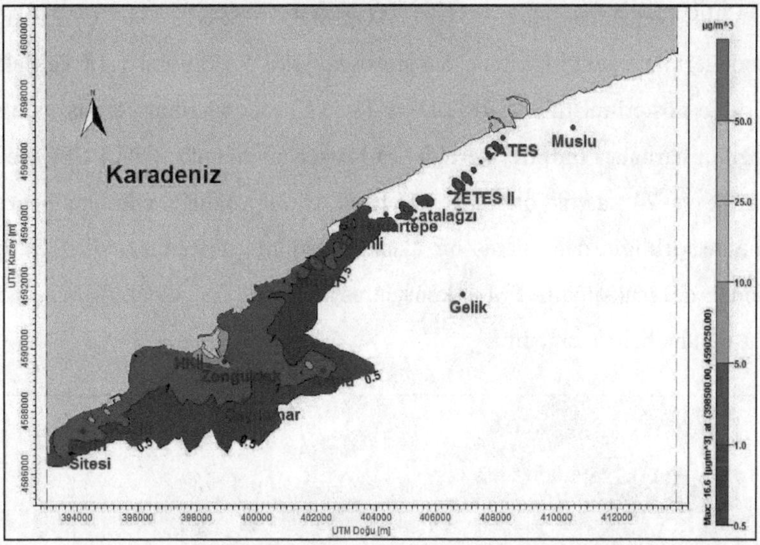

Şekil 5.15. ISCST3 - ulaşım kaynakları için 24 saatlik PM_{10} konsantrasyonları

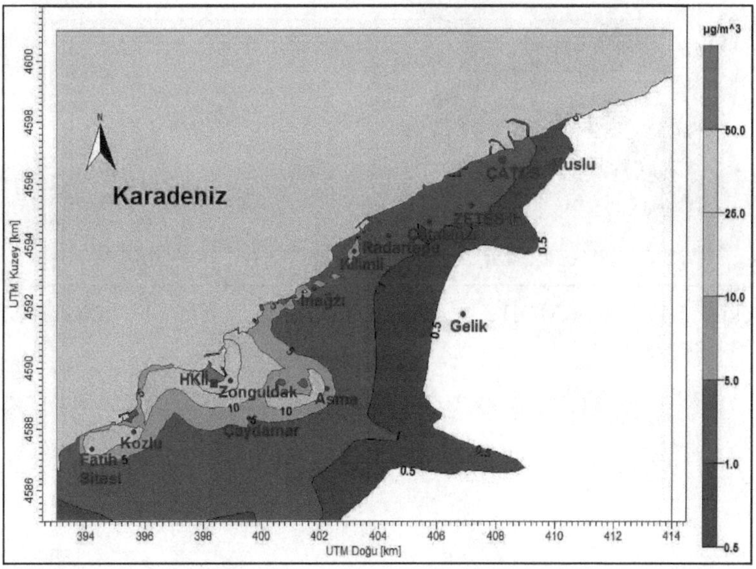

Şekil 5.16. CALPUFF - ulaşım kaynakları için 24 saatlik PM_{10} konsantrasyonları

1 yıllık ortalama süreler için AERMOD, ISCST3 ve CALPUFF modellerinin verdiği haritalar ise sırasıyla Şekil 5.17, Şekil 5.18 ve Şekil 5.19'de gösterilmiştir. AERMOD ve ISCST3 modellerinin vermiş olduğu dağılım haritaları birbirlerine oldukça benzer niteliktedir. CALPUFF ise 1 saatlik ve 24 saatlik ortalama sürelerde vermiş olduğu çıktılara benzer şekilde kirliliğin daha geniş bir alana yayıldığını göstermektedir. Her üç model de maksimum PM_{10} konsantrasyonunun Zonguldak Limanı'nda oluştuğunu belirtmektedir.

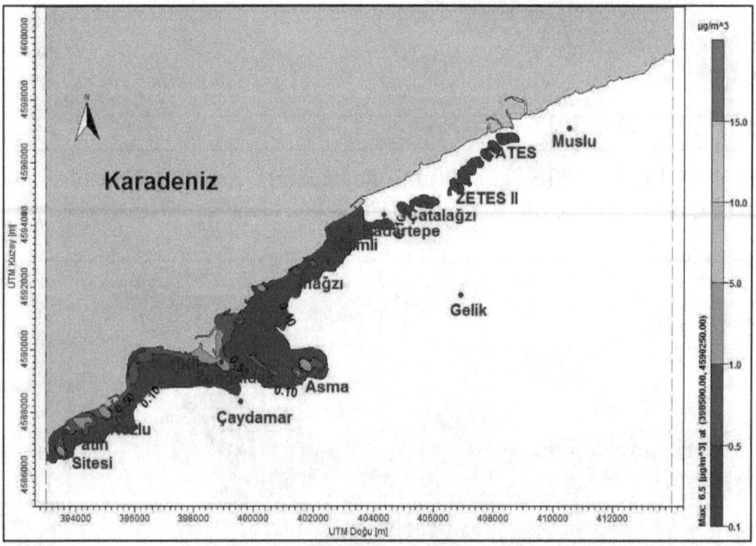

Şekil 5.17. AERMOD - ulaşım kaynakları için 1 yıllık PM_{10} konsantrasyonları

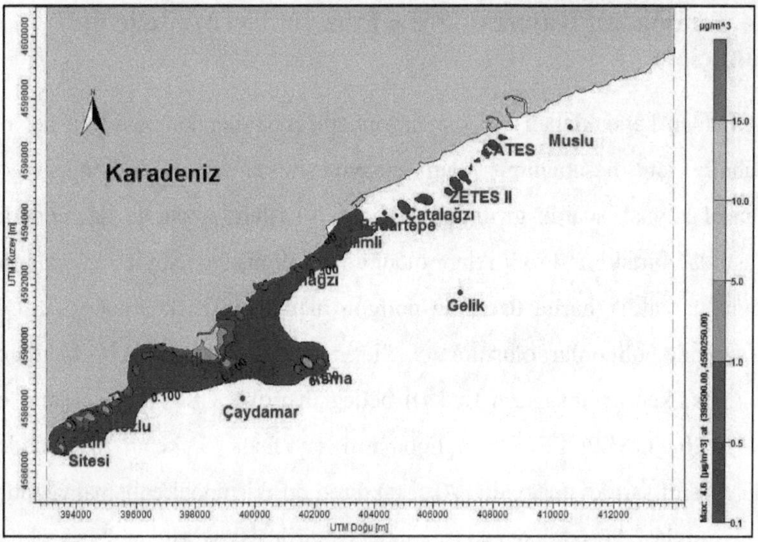

Şekil 5.18. ISCST3 - ulaşım kaynakları için 1 yıllık PM_{10} konsantrasyonları

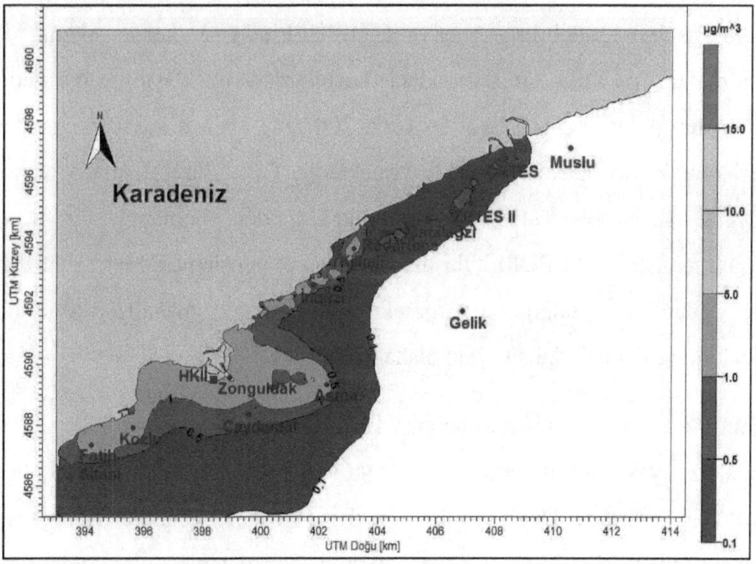

Şekil 5.19. CALPUFF - ulaşım kaynakları için 1 yıllık PM_{10} konsantrasyonları

5.4. Isınmadan Kaynaklı PM_{10} Emisyonları Modellemesi Sonuçları

Isınmadan kaynaklanan PM_{10} emisyonunun modellenebilmesi için her bir mahalle için hesaplanmış olan emisyon miktarları modellere poligon alansal kaynak olarak girilmiştir. Ancak bu işlem sırasında da modeller arasında birtakım farklılıklar olduğu görülmüştür. Şöyle ki, alansal kaynaklar altlık harita üzerinde poligon olarak çizilmektedir. AERMOD modelinde poligonları oluşturan çizgilerin sayısı için herhangi bir kısıtlama bulunmazken (bilgisayarın fiziksel belleği hariç) ISCST3 poligonların en fazla 20, CALPUFF ise poligonların en fazla 5 kenar çizgisinden oluşmasını şart koşmaktadır. Aksi takdirde bu iki model çalışmamaktadır. Dolayısıyla, alansal kaynakların modele girilmesi sırasında "dışa aktar" (Export) ve "içe aktar" (Import) seçenekleri kullanılamamıştır. 20 kenar çizgisi mahalleleri tanımlamak için çok uygun olmasa da yine de yeterli olarak kabul edilebilir. Ancak, CALPUFF'taki 5 kenar çizgisi ile tanımlanan mahalle sınırları ideal koşullardan uzaklaşılmasına neden olmuştur. Ayrıca, CALPUFF en fazla 200 tane alansal kaynağın modele veri olarak girilmesine müsaade etmektedir. Fakat bu çalışmada alansal kaynak sayısı üst sınırın altında kaldığından herhangi bir sorun yaşanmamıştır. CALPUFF'taki alansal kaynak sınırlaması nedeniyle daha geniş alanların modellenmesi gerektiği durumlarda mahalle yerine ilçe ölçeğinde çalışmak daha uygun olacaktır.

Isınmadan dolayı atmosfere salınan PM_{10} emisyonları sadece kalorifer ve sobaların yakıldığı dönemlere oluştuğu için, bu kaynakların modellere girilmesi sırasında Değişken Emisyonlar (Variable Emissions) seçeneği kullanılmıştır. Her 3 modelde de aylık değişken emisyonlar kullanılmış olup değişken emisyonların modellere nasıl girildiği önceki bölümlerde

(Bölüm 4.4 ve 4.5) açıklanmıştır. Isınma kaynaklı PM_{10} için modelleme işlemleri yapıldıktan sonra, 1saatlik, 24 saatlik ve 1 yıllık ortalama süreler için hesaplanan maksimum PM_{10} konsantrasyonu değerleri ve bu değerlere ait koordinat bilgileri Tablo 5.4'te sunulmuştur. Tüm ortalama süreler için en yüksek PM_{10} konsantrasyon değerlerini CALPUFF modeli vermiştir. 1 saatlikte 708,6 $\mu g/m^3$, 24 saatlikte 228,0 $\mu g/m^3$ ve 1 yıllıkta da 35,4 $\mu g/m^3$. 1 saatlik ortalama süreler için ISCST3 tarafından hesaplanan konsantrasyon değeri (198,8 $\mu g/m^3$) neredeyse AERMOD'un tahminine (341,7 $\mu g/m^3$) göre oldukça düşüktür. Ancak her iki model de Fatih Mahallesi sınırları içerisinde aynı noktayı maksimum konsantrasyonun oluştuğu yer olarak ifade etmektedir. 24 saatlik ve 1 yıllık sürelerde de AERMOD modeli maksimum konsantrasyonun oluştuğu noktanın yine Fatih Mahallesi içinde kaldığını, ISCST3 modeli ise bu noktanın Meşrutiyet Mahallesi sınırları içerisinde oluştuğunu belirtmektedir. CALPUFF ise 1 saatlik süreler için maksimum konsantrasyonun Karaelmas Mahallesi'nde, 24 saatlik ve 1 yıllık sürelerde ise Terakki Mahallesi'nde oluştuğunu belirtmiştir.

1 saatlik ortalama süreler için AERMOD, ISCST3 ve CALPUFF modellerinin verdiği haritalar sırasıyla Şekil 5.20, Şekil 5.21 ve Şekil 5.22'de gösterilmiştir. Çalışma alanında, şehirleşme genellikle kıyı kesimlere yakın bölgelerde olduğundan dolayı kirliliğin da kıyıya yakın bölgelerde oluşması beklenen bir sonuçtur. AERMOD modeli yüksek konsantrasyonun oluştuğu bölgeler olarak Fatih Mahallesi'ni göstermektedir (Şekil 5.20). ISCST3 model çıktısına göre konsantrasyon değerleri daha düşük ve kirli bölge kıyı şeridinde daha dar olarak görülmektedir (Şekil 5.21). ISCST3 modeli de Fatih Mahallesi'ni en kirli bölge olarak vermiştir. CALPUFF modelinin vermiş olduğu kirlilik dağılımı ise diğer iki modele göre biraz daha farklı olup kirlilik kıyıdan iç

kısımlara doğru yayılma eğilimindedir (Şekil 5.22). CALPUFF model çıktısına göre Zonguldak Merkez'de yer alan Karaelmas Mahallesi'nin PM_{10} kirliliğinden yoğun olarak etkilendiği sonucunu çıkartmak mümkündür.

Tablo 5.4. Alansal kaynakların modellemesi - maksimum PM_{10} konsantrasyonları

Ortalama Süre	Model	Maksimum Konsantrasyon (μg/m³)	X Koordinatı (m)	Y Koordinatı (m)	Mahalle
1 saatlik	AERMOD	341,7	393500	4587000	Fatih
	ISCST3	198,8	393500	4587000	Fatih
	CALPUFF	708,6	401000	4588500	Karaelmas
24 saatlik	AERMOD	100,1	394000	4587500	Fatih
	ISCST3	71,8	398750	4590000	Meşrutiyet
	CALPUFF	228,0	397750	4588750	Terakki
1 yıllık	AERMOD	15,3	394000	4587500	Fatih
	ISCST3	12,3	399250	4590250	Meşrutiyet
	CALPUFF	35,4	397500	4589000	Terakki

Şekil 5.20. AERMOD - ısınma kaynakları için 1 saatlik PM_{10} konsantrasyonları

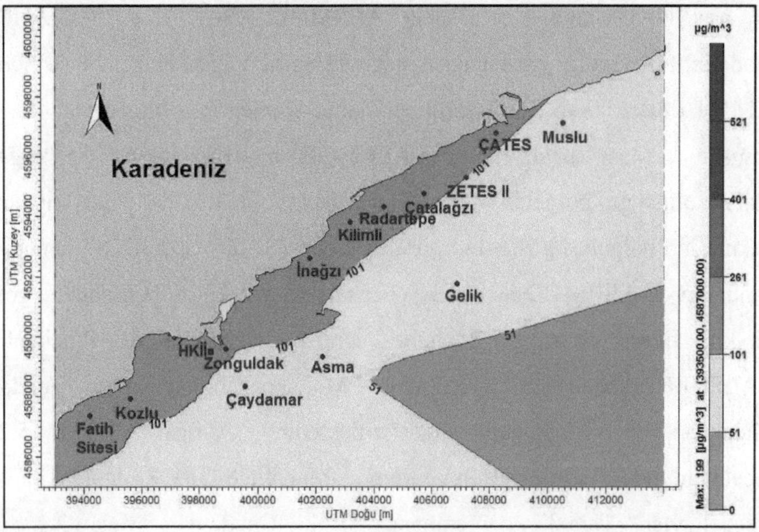

Şekil 5.21. ISCST3 - ısınma kaynakları için 1 saatlik PM_{10} konsantrasyonları

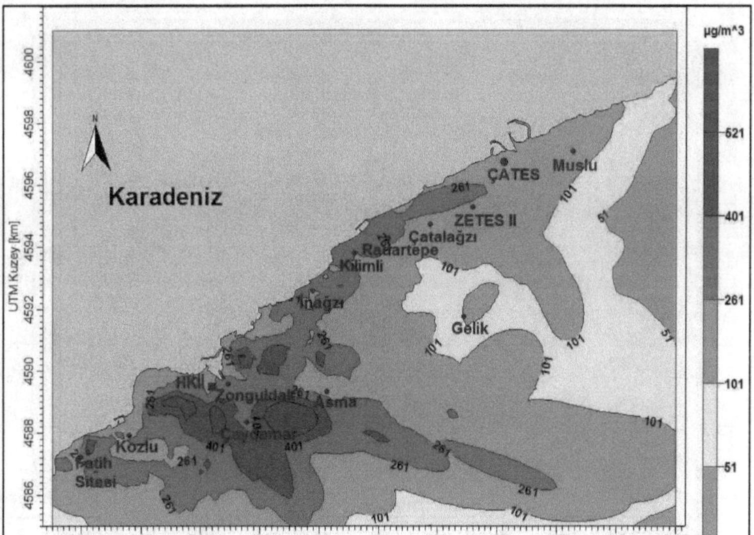

Şekil 5.22. CALPUFF - ısınma kaynakları için 1 saatlik PM_{10} konsantrasyonları

24 saatlik ortalama süreler için AERMOD, ISCST3 ve CALPUFF modellerinin verdiği haritalar ise sırasıyla Şekil 5.23, Şekil 5.24 ve Şekil 5.25'de gösterilmiştir. 24 saatlik ortalama süreler için oluşturulan PM_{10} dağılım haritası incelendiğinde AERMOD modelinin kirliliğin yoğun olarak oluştuğu bölgeler olarak Zonguldak ve Kozlu'da deniz kıyısına yakın olan bölgeleri gösterdiği görülmektedir (Şekil 5.23). ISCST3 modeli sonuçları da AERMOD'da oldukça benzemektedir. ISCST3 modeline göre en kirli bölge Meşrutiyet Mahallesi sınırları içerisinde yer almaktadır. CALPUFF modeli ise maksimum PM_{10} konsantrasyonunun Terekki Mahallesi'nde oluştuğunu göstermektedir. Ayrıca, Şekil 5.25 incelendiğinde Kozlu'da Fatih ve Merkez Mahallelerinde, Zonguldak'ta ise Bahçelievler, Terakki, Ontemmuz, Birlik, Çaydamar, Meşrutiyet ve Mithatpaşa Mahallerinde kirliliğin yoğunlaştığı görülmektedir.

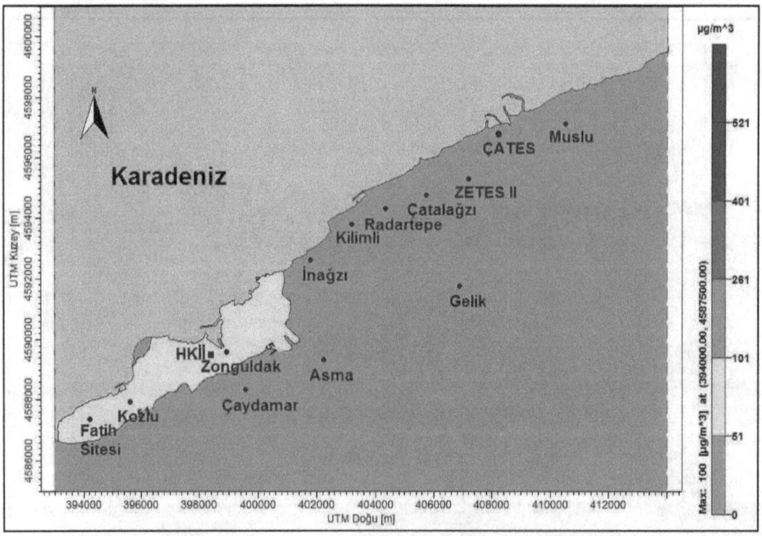

Şekil 5.23. AERMOD - ısınma kaynakları için 24 saatlik PM_{10} konsantrasyonları

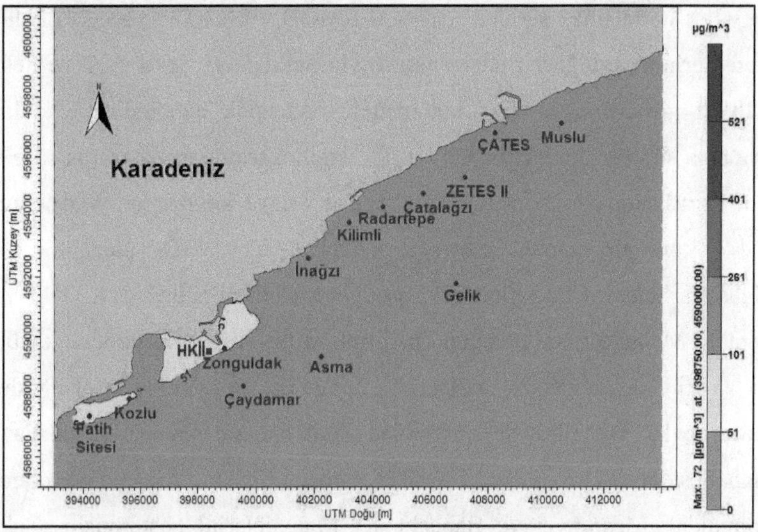

Şekil 5.24. ISCST3 - ısınma kaynakları için 24 saatlik PM_{10} konsantrasyonları

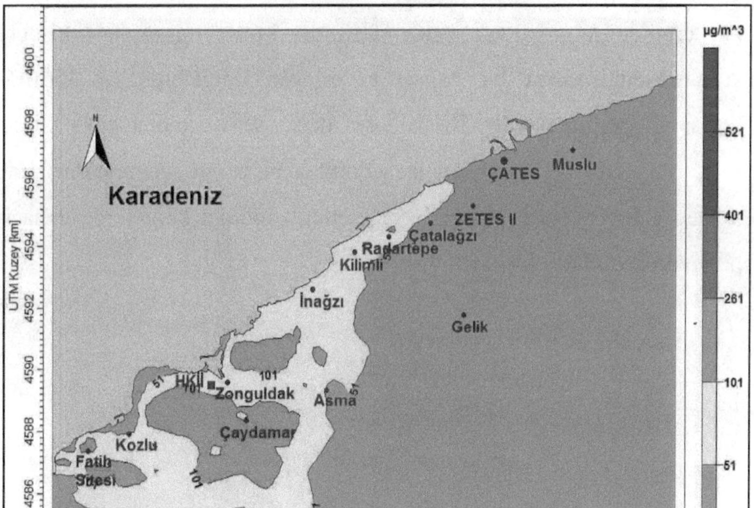

Şekil 5.25. CALPUFF - ısınma kaynakları için 24 saatlik PM_{10} konsantrasyonları

1 yıllık ortalama süreler için AERMOD, ISCST3 ve CALPUFF modellerinin verdiği haritalar da sırasıyla Şekil 5.26, Şekil 5.27 ve Şekil 5.28'de gösterilmiştir. Her bir model sonucunda elde edilen 1 yıllık ortalama süreler için hazırlanan kirlilik dağılım haritaları 24 saatlik süreler için hazırlanan haritalara benzer sonuçlar ortaya koymuştur. Maksimum PM_{10} konsantrasyonun oluştuğu noktayı AERMOD modeli Fatih Mahallesi'nde, ISCST3 modeli Meşrutiyet Mahallesi'nde ve CALPUFF ise Terakki Mahallesi'nde olduğunu belirtmişlerdir. AERMOD modeline göre en kirli sayılabilecek bölgeler Zonguldak'ta Yeşil Mahalle'den Bahçelievler Mahallesi'ne kadar olan sahil bandı ve Kozlu'da da Fatih Mahallesidir (Şekil 5.26). ISCST3 modeli ise en kirli bölge olarak Zonguldak Meşrutiyet ve Bahçelievler Mahallelerini göstermiştir (Şekil 5.27). CALPUFF modelinin verdiği Şekil 5.28 incelendiğinde, Zonguldak şehir merkezinden Ankara yolu istikametine doğru ve Kozlu'nun girişinden Kozlu içine doğru giden ana cadde etrafından konsantrasyonların nispeten daha az olduğu fakat bu yolları çevreleyen bölgelerde ise kirliliğin yoğunlaştığı görülmektedir. Bu yolların deniz seviyesinden yükseklikleri oldukça düşüktür ve etraflarında yüksek tepeler ile çevrelenmişlerdir. Denizden gelen rüzgarın etkisiyle bu yolların olduğu bölgelerde daha iyi dispersiyon koşulları oluşmaktadır.

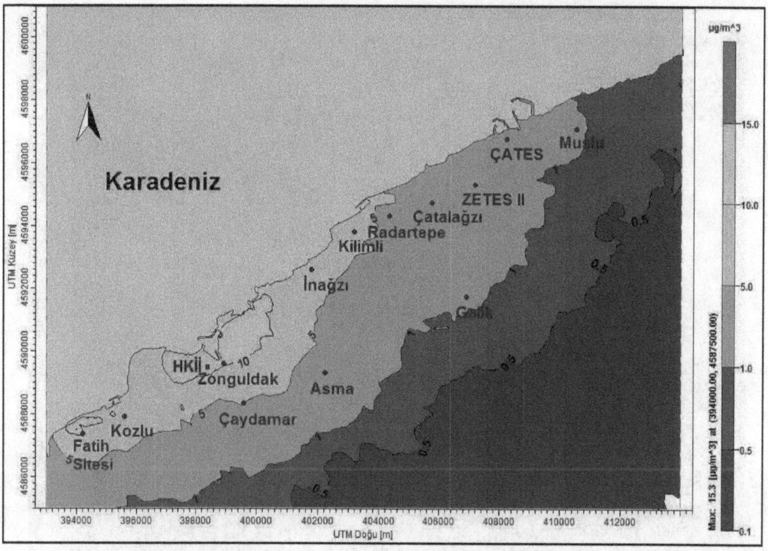

Şekil 5.26. AERMOD - ısınma kaynakları için 1 yıllık PM_{10} konsantrasyonları

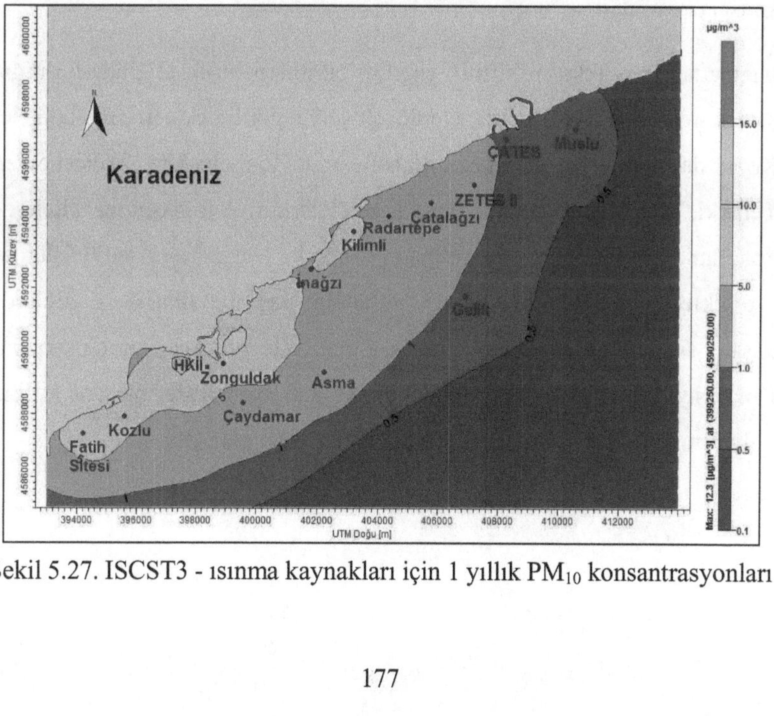

Şekil 5.27. ISCST3 - ısınma kaynakları için 1 yıllık PM_{10} konsantrasyonları

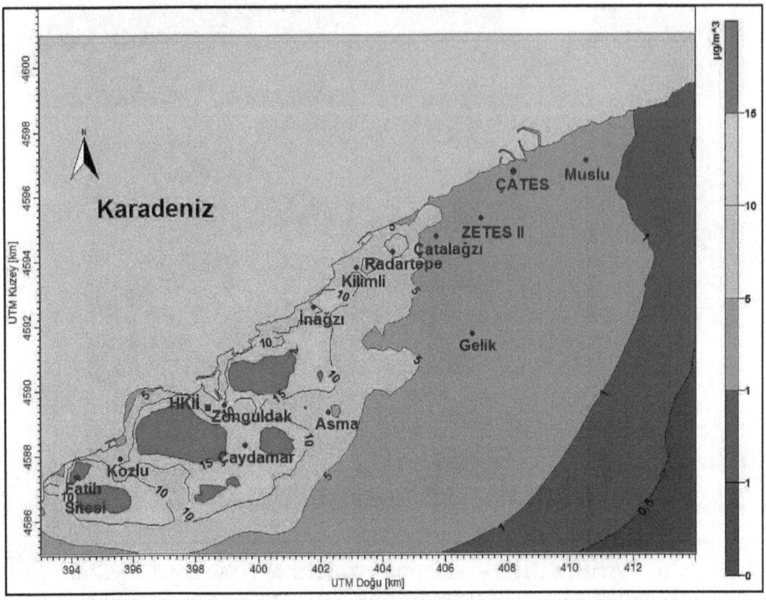

Şekil 5.28. CALPUFF - ısınma kaynakları için 1 yıllık PM_{10} konsantrasyonları

Isınmadan kaynaklanan kirlilik dağılım haritaları incelendiğinde kirliliğin şehirleşmenin en yoğun bölgelerde oluştuğu görülmektedir. Bu bölgeler Kozlu'da Fatih ve Merkez Mahalleleri, Zonguldak'ta Bahçelievler, Terakki, Meşrutiyet ve Mithatpaşa Mahalleleridir. Adı geçen mahallelerde konutlar çok dar alanlara oldukça sıkışık olarak inşa edilmişlerdir. Özellikle, inversiyon olaylarının yaşandığı kış mevsimindeki günlerde akşam saatlerinde sokaklarda nefes almak bile oldukça zor olmaktadır. Dolayısıyla, hava kalitesi modellerinin bu mahallede oluşan kirlilik miktarını yüksek göstermesi oldukça beklenen bir sonuçtur.

5.5. Tüm Kaynaklar İçin PM_{10} Modellemesi Sonuçları

Çalışma alanındaki, hava kalitesinin tam olarak belirlenebilmesi için tüm emisyon kaynakları (sanayi, ulaşım ve ısınma kaynakları) modele girilerek modelleme işlemleri yapılmıştır. Tüm kaynaklar için modelleme işlemleri yapıldıktan sonra, 1saatlik, 24 saatlik ve 1 yıllık ortalama süreler için hesaplanan maksimum PM_{10} konsantrasyonu değerleri ve bu değerlere ait koordinat bilgileri Tablo 5.5'te gösterilmiştir. CALPUFF modeli AERMOD ve ISCST3'e göre her üç ortalama sürede de en yüksek konsantrasyonları veren model olmuştur. 1 saatlik ortalama süreler için ISCST3 modeli AERMOD'a kıyasla daha yüksek sonuç vermekteyken, 24 saatlik süreler için AERMOD ve ISCST3 modelleri aynı maksimum konsantrasyonu tahmin etmişlerdir. 1 yıllık süreler için AERMOD, ISCST3'e oranla daha yüksek konsantrasyon tahmininde bulunmuştur. Tüm kaynakların modellemesinde, modeller genel olarak birbirlerinden farklı tahminlerde bulunmuşlardır. 3 model de, belirli bir ortalama süre göz önüne alındığında maksimum konsantrasyonun oluştuğu noktayı farklı olarak göstermektedir. Ancak, en kirli olarak tespit edilen mahalleler, kaynakların ayrı ayrı modellendiği çalışmalarla uyum göstermektedir. Zonguldak Merkez'de Meşrutiyet, Terakki ve Bahçelievler Mahalleleri, Kozlu'da Merkez ve Fatih Mahalleleri ve Çatalağzı Beldesi'nde de termik santrallere yakınlığı nedeniyle Kuzyaka Mahallesi çalışma alanındaki PM_{10} kirliliğinden en fazla etkilenen mahallelerdir.

Tablo 5.5. Tüm kaynakların modellemesi - maksimum PM_{10} konsantrasyonları

Ortalama Süre	Model	Maksimum Konsantrasyon (µg/m^3)	X Koordinatı (m)	Y Koordinatı (m)	Mahalle
1 saatlik	AERMOD	364,2	393500	4587000	Fatih
	ISCST3	486,4	408750	4595500	Kuzyaka
	CALPUFF	743,2	405500	4591750	Subatan
24 saatlik	AERMOD	105,1	398500	4590000	Liman
	ISCST3	105,0	409000	4595500	Kuzyaka
	CALPUFF	236,5	397750	4589000	Terakki
1 yıllık	AERMOD	17,2	398500	4590250	Liman
	ISCST3	13,2	399250	4590250	Meşrutiyet
	CALPUFF	37,3	397500	4589000	Terakki

Tüm kaynakların modele dahil edilmesi sonucunda, 1 saatlik ortalama süreler için AERMOD, ISCST3 ve CALPUFF modellerinin verdiği haritalar sırasıyla Şekil 5.29, Şekil 5.30 ve Şekil 5.31'de gösterilmiştir. AERMOD modeli kentsel alan içerisinde kalan tüm bölgede kirlilik oluştuğunu göstermekle beraber en kirli bölge olarak Fatih Mahallesini belirtmiştir (Şekil 5.29). ISCST3 modeli en kirli bölgenin termik santrallerin bulunduğu Kuzyaka Mahallesi sınırlarında, ÇATES'in güneyinde ve ZETES II'nin doğusunda kalan bölgede olduğunu belirtmiştir (Şekil 5.30). CALPUFF modeli ise PM_{10} konsantrasyonunun hava kalitesi indeksinde "sağlıksız" seviyesinin sınırı olan 261 µg/m^3 değerini geçtiği bölgeleri diğer iki modele kıyasla oldukça geniş olarak göstermektedir. Zonguldak'ta Bahçelievler, Terakki, Çaydamar ve Karaelmas Mahalleleri'nde ve Kilimli'de Subatan Mahallesi'nde PM_{10} düzeyi "tehlikeli" seviyeye ulaşmıştır (Şekil 5.31). Adı geçen mahallelerde kirlilik miktarı 521 µg/m^3 değerini de aşmakta ve Subatan Mahallesi sınırları içerisinde 743,2 µg/m^3 gibi bir değere ulaşmaktadır.

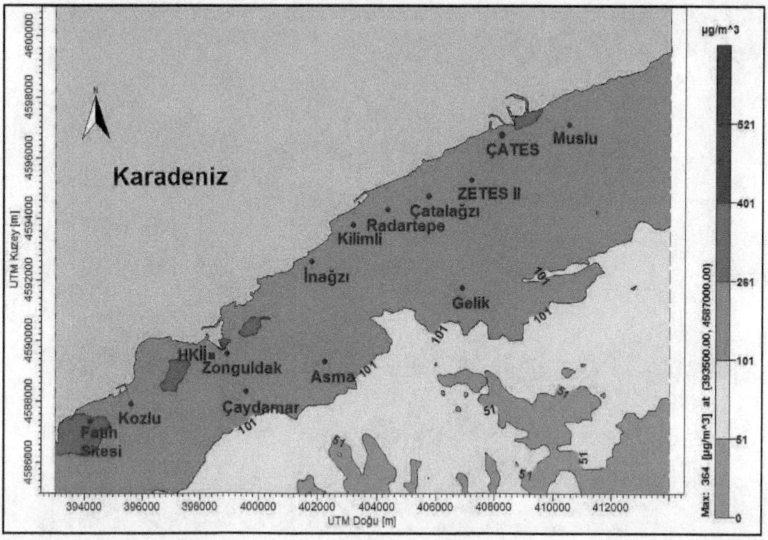

Şekil 5.29. AERMOD - tüm kaynaklar için 1 saatlik PM_{10} konsantrasyonları

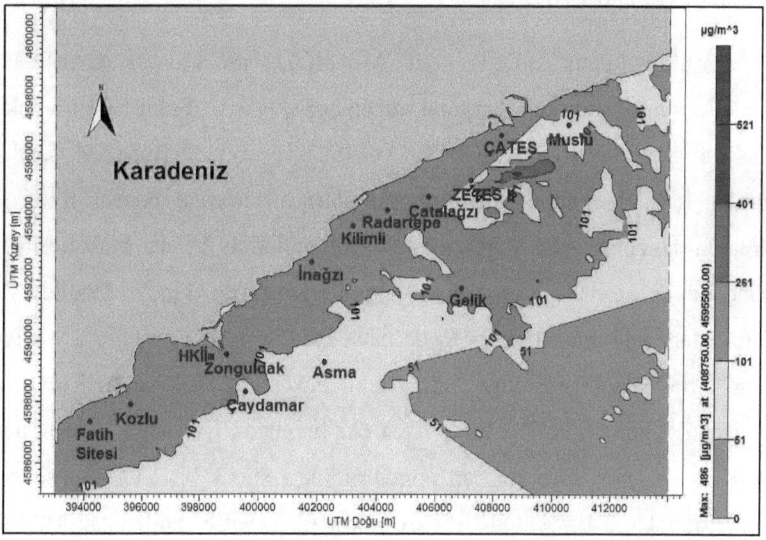

Şekil 5.30. ISCST3 - tüm kaynaklar için 1 saatlik PM_{10} konsantrasyonları

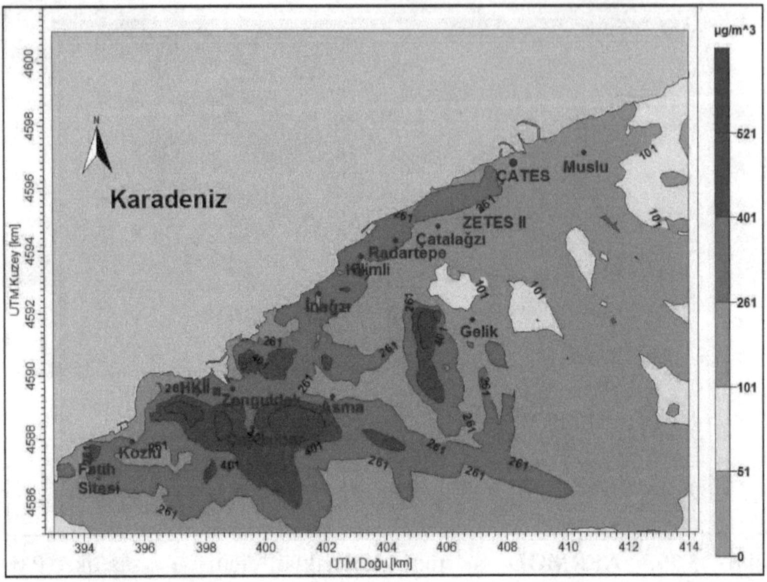

Şekil 5.31. CALPUFF - tüm kaynaklar için 1 saatlik PM_{10} konsantrasyonları

24 saatlik ortalama süreler için AERMOD, ISCST3 ve CALPUFF modellerinin oluşturduğu haritalar sırasıyla Şekil 5.32, Şekil 5.33 ve Şekil 5.34'de gösterilmiştir. AERMOD ve ISCST3 modellerinde 24 saatlik süreler için elde edilen dağılım haritaları birbirlerine benzer nitelikte olmakla beraber, AERMOD modeli Zonguldak'ta Yayla Mahallesi ile Bahçelievler Mahallesi arasındaki bölge ile Kozlu'da Güney Mahallesi ile Fatih Mahallesi arasındaki bölgede hava kalitesini HKİ'ye göre 2. seviye olan "orta" olarak göstermektedir (Şekil 5.32). ISCST3 ise AERMOD'a kıyasla Zonguldak ve Kozlu'da daha dar bir alanı, Çatalağzı Beldesi'nde ise Kuzyaka Mahalleri sınırları içinde oldukça küçük bir bölgeyi 2.seviye (orta) olarak göstermektedir (Şekil 5.33). CALPUFF modeli ise kirliliği daha geniş bir alanda tahmin etmekle beraber HKİ'de 3. seviyeler olan "hassas" değerlerini göstermektedir (Şekil 5.34). Zonguldak'ta İncivez,

Bahçelievler, Terakki, Ontemmuz, Mithatpaşa, Meşrutiyet Mahalleri'nin üst kısımları ile Birlik ve Tepebaşı Mahalleleri'nin bir bölümünde; Kozlu'da da Fatih ve Merkez mahallelerinde PM_{10} açısından Hava Kalitesi İndeksi "hassas" seviyesindedir.

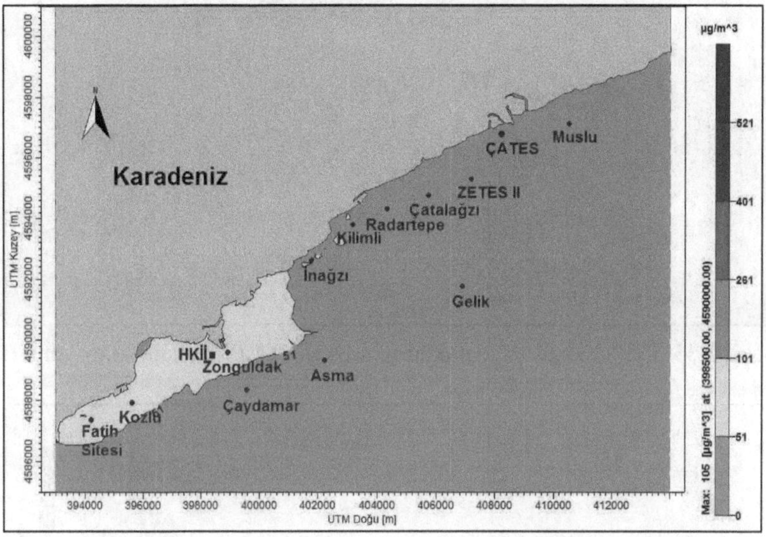

Şekil 5.32. AERMOD - tüm kaynaklar için 24 saatlik PM_{10} konsantrasyonları

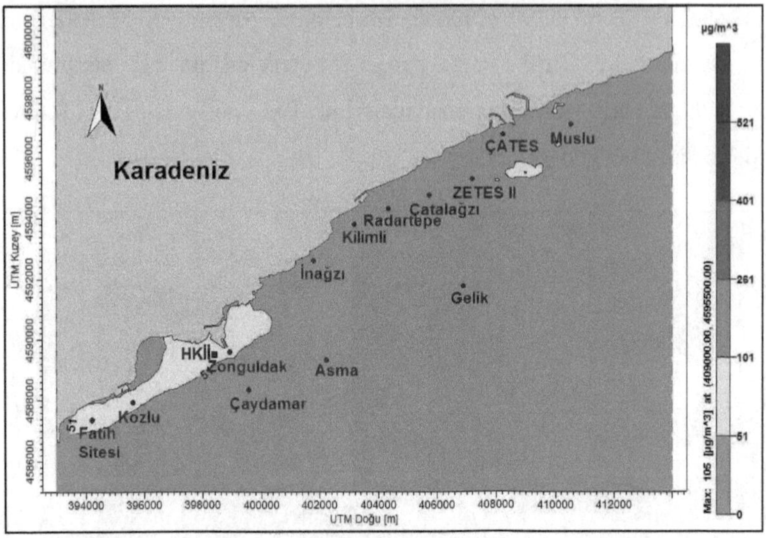

Şekil 5.33. ISCST3 - tüm kaynaklar için 24 saatlik PM_{10} konsantrasyonları

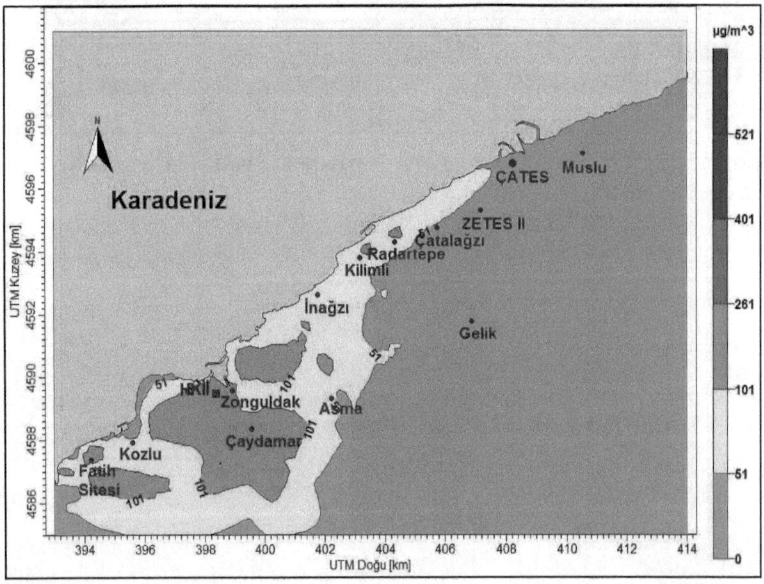

Şekil 5.34. CALPUFF - tüm kaynaklar için 24 saatlik PM_{10} konsantrasyonları

1 yıllık ortalama süreler için AERMOD, ISCST3 ve CALPUFF modelleri tarafından oluşturulan haritalar sırasıyla Şekil 5.35, Şekil 5.36 ve Şekil 5.37'de gösterilmiştir. 1 yıllık süreler için AERMOD ve ISCST3 modellerinin vermiş olduğu kirlilik dağılım haritaları ve hesaplanan konsantrasyon değerleri oldukça benzerlik göstermektedirler (Şekil 5.35 ve Şekil 5.36). Ancak, ISCST3 modeli AERMOD'a kıyasla en kirli bölgeleri biraz daha dar bir alan içesinde olduğunu belirtmiştir. CALPUFF modeli ise kirliliğin biraz daha kıyı şeridinden uzaklaşıp iç kesimlere doğru yayıldığını belirtmektedir (Şekil 5.37). CALPUFF modeline göre en kirli bölgeler İncivez, Bahçelievler, Terakki ve Meşrutiyet Mahalleleri'nin üst kısımları ile Tepebaşı Mahallesi'nin bir bölümüdür.

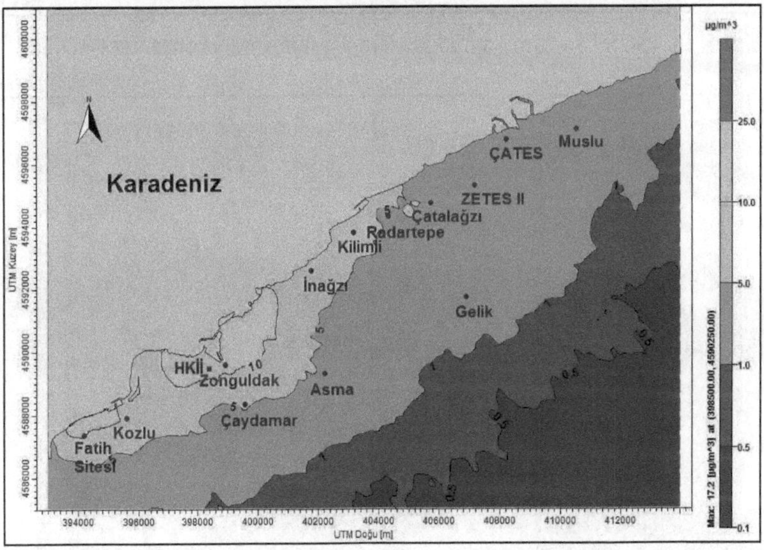

Şekil 5.35. AERMOD - tüm kaynaklar için 1 yıllık PM_{10} konsantrasyonları

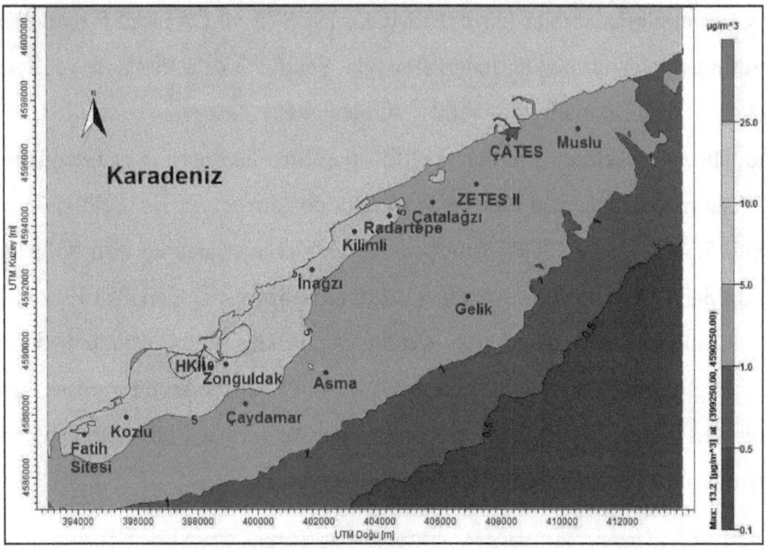

Şekil 5.36. ISCST3 - tüm kaynaklar için 1 yıllık PM_{10} konsantrasyonları

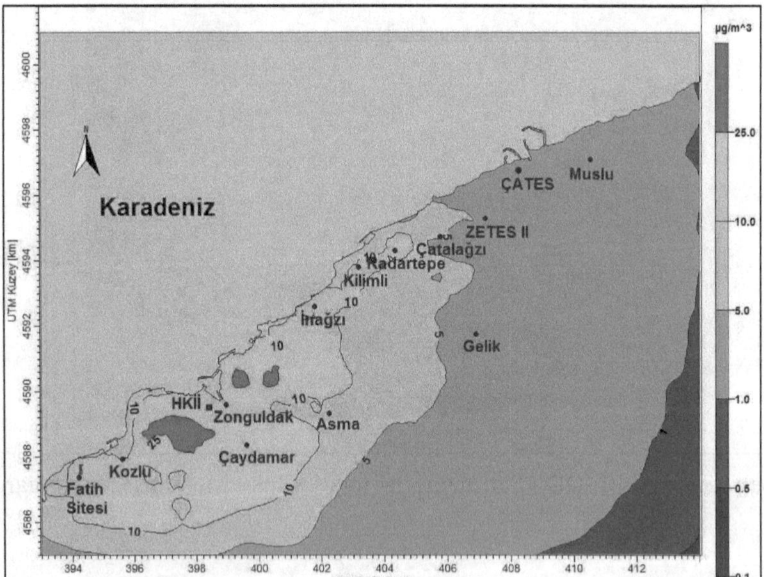

Şekil 5.37. CALPUFF - tüm kaynaklar için 1 yıllık PM_{10} konsantrasyonları

Tüm kaynakların 3 farklı model kullanılarak ve 3 farklı ortalama süre için modellenmesi sonucunda oluşan toplam 9 maksimum konsantrasyonun oluştuğu koordinatlar ve Zonguldak Hava İzleme İstasyonu'nun konumu harita üzerinde işlenmiş ve Şekil 5.38'de gösterilmiştir. Zonguldak Hava İzleme İstasyonu'nun konumu pik konsantrasyonların oluştuğu yerlere kıyasla irdelenmiştir. ISCST3 modeli 1 ve 24 saatlik pik konsantrasyonları Çatalağzı'nda Kuzyaka Mahallesi'nde vermiştir. AERMOD modeli ise 1 saatlik ortalama süreler için maksimum konsantrasyonu Kozlu'da Fatih Mahallesinde vermiştir. Çatalağzı ve Kozlu'da gözlenen bu bölgeler yeni kurulması planlanan hava izleme istasyonları için uygun yerler olarak değerlendirilmesi gerekir. Ancak, kesin karar verilmeden önce SO_2 ve NOx'ler için de modelleme çalışması yapılmalıdır. 398398,6 m Doğu ve 4589489 m Kuzey koordinatlarında yer alan Zonguldak Hava İzleme İstasyonu diğer 5 tane maksimum konsantrasyonun oluştuğu bölgenin ortasında kalmaktadır. Sadece bu sonuçlara bakıldığında istasyonun yer seçimi uygun gibi görülebilir. Ancak, kesin bir yargıya varabilmek için modeller tarafından oluşturulan kirlilik dağılım haritaları dikkatli bir şekilde incelenmelidir. Tüm kaynakların modellenmesi sonucunda oluşan kirlilik dağılım haritalarına (Şekil 5.29 ile Şekil 5.37 arasındaki haritalar) bakıldığında, PM_{10} konsantrasyonunun çoğunlukla Bahçelievler, Terakki ve Ontemmuz Mahalleleri arasındaki bölge ile Meşrutiyet, Mithatpaşa ve Tepebaşı Mahalleleri arasındaki bölgelerde oluştuğu, istasyonun bulunduğu noktasın ise bu iki kirli bölgeye göre oldukça temiz olduğu söylenebilir.

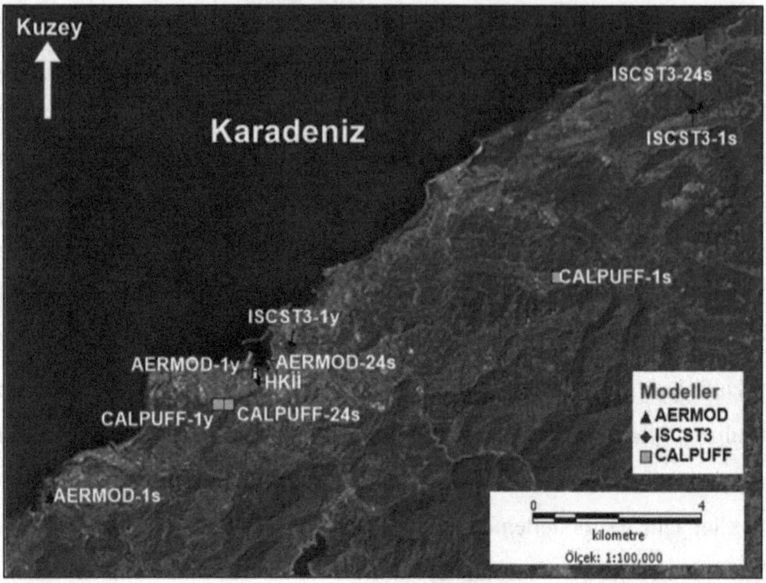

Şekil 5.38. Tüm kaynaklar için maksimum konsantrasyonların haritada gösterilmesi

Şekil 5.39'da ise hava izleme istasyonunun bulunduğu bölge daha yüksek çözünürlükte gösterilmiştir. İstasyona yakın olarak oluşan pik konsantrasyonların Zonguldak Hava İzleme İstasyonuna olan mesafeleri MapInfo aracılığıyla ölçülmüş ve Şekil 5.39'da gösterilmiştir. En yakın pik konsantrasyon noktasının istasyona olan uzaklığı 521 metredir. En uzak nokta ise istasyona 1142 metre mesafededir. Modelleme çalışmalarında CALPUFF modelinin diğer iki modele kıyasla ölçülen değerlere daha yakın tahminlerde bulunduğu ("Model Performansının Değerlendirilmesi" başlıklı bölümde tartışılacak) görülmektedir. Tüm bu bilgiler ışığında, mevcut Zonguldak Hava İzleme İstasyonu'nun yer seçiminin uygun olmadığı ortaya çıkmaktadır. Bu istasyonun, CALPUFF modeli tarafından pik konsantrasyonların oluştuğu bölge olan Terakki Mahallesi sınırları içerisine taşınmasının daha uygun olacağı ortaya çıkmaktadır. Daha kesin bir yargıya varabilmek için SO_2 ve NO_x kirleticileri de modellenmeli ve sonuçlar bir arada değerlendirilmelidir.

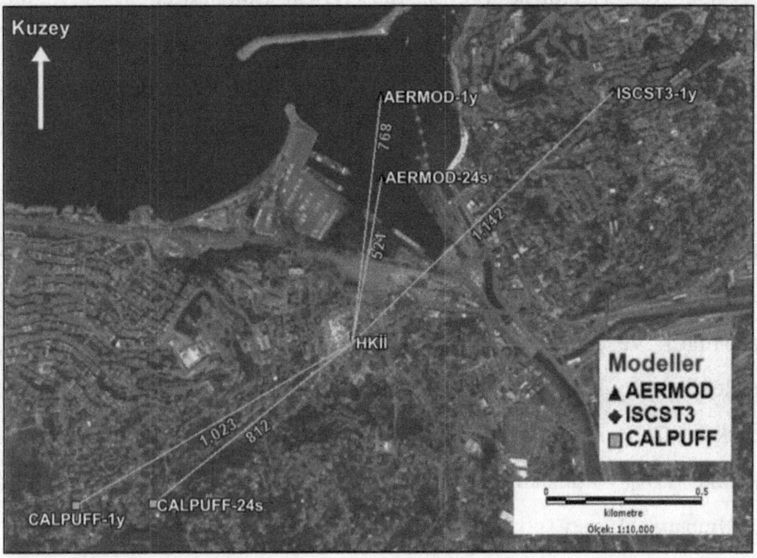

Şekil 5.39. Zonguldak Hava İzleme İstasyonu etrafındaki pik konsantrasyonlar

5.6. Model Performansının Belirlenmesi

Modellerin performanslarının belirlenmesi amacıyla, modeller tarafından tahmin edilen değerlerin hava kalitesi izleme istasyonunda ölçülen değerler ile karşılaştırılması yapılmıştır. Modelleme aşamasında kullanılan meteorolojik veriler 2007 ile 2011 yılları arasını kapsadığından, tahmin edilen değerler de bu yıllar arasındadır. Ancak, Zonguldak Hava İzleme İstasyonu'na ait günlük ortalama PM_{10} ölçüm değerleri 2008 yılından itibaren elde edilebilmiştir. Dolayısıyla, modellerin performans değerlendirmesi 2008 ile 2011 yılları arasını kapsayan 4 yıllık veri seti kullanılarak yapılmıştır. Ölçüm değeri bulunmayan günler veri setinden çıkarılmış ve istatistiksel değerlendirme yapıldıktan sonra uç değerler de veri setinden atılmıştır. 2008 ile 2011 yılları arasında toplam 1186 gün üzerinden değerlendirme yapılmıştır. Ayrıca, Bülent Ecevit Üniversitesi Merkez Yerleşkesi sınırları içerisinde (X:396650m., Y:4589500m.) gerçekleştirilmiş olan ve 12.01.2007 ile 27.04.2008 tarihleri arasını kapsayan PM_{10} ölçüm sonuçları da kullanılarak 2. veri seti de üretilmiştir. 2. veri seti toplam 115 günlük ölçüm ve tahmin sonucunu içermektedir.

Model tahminleri ile ölçülen PM_{10} konsantrasyonlarını kapsayan veri setlerine ait bazı tanımlayıcı istatistikler (ortalama, standart sapma, maksimum ve minimum değerler) Tablo 5.5'de verilmiştir. Tablo 5.5 incelendiğinde her üç model tahmininin de ölçülen değerlere kıyasla oldukça düşük olduğu görülmektedir. 1. veri seti için model tahminleri ile ölçülen PM_{10} konsantrasyonları zaman serisi olarak Şekil 5.40'da sunulmuştur. 2. veri seti için model tahminleri ve ölçülen konsantrasyonlar da Şekil 5.41'de gösterilmiştir. Her iki grafikte de ölçülen değerlerin çok daha yüksek oldukları, üç modelin de konsantrasyonları daha az tahmin ettiği (underestimate) açıkça görülmektedir. CALPUFF modelinin vermiş olduğu değerler ölçülen konsantrasyonlara daha yakın olup CALPUFF'un diğer iki modele kıyasla daha iyi sonuçlar verdiği ortadadır. Sadece bu iki grafik incelendiğinde CALPUFF'un performansının AERMOD ve ISCST3'e göre daha iyi olduğu söylenilebilir. Ancak, model performansının değerlendirilmesi için kullanılan istatistiksel parametrelerin de irdelenmesiyle daha kesin bir sonuca varmak mümkün olacaktır.

Tablo 5.6. Veri setlerinin tanımlayıcı istatistikleri

Veri Seti	Süre	Model Adı	Ortalama	Standart Sapma	Maksimum	Minimum
Veri-1 (n=1186)	2008 - 2011	AERMOD	11,5	10,4	80,0	0,04
		ISCST3	8,8	7,7	59,5	0,02
		CALPUFF	12,4	11,5	79,1	0,09
		Ölçülen	81,7	41,2	244,0	17,0
Veri-2 (n=115)	12.01.2007 - 27.04.2008	AERMOD	10,0	10,0	42,3	0,1
		ISCST3	7,8	7,8	34,8	0,1
		CALPUFF	13,8	13,1	64,7	0,2
		Ölçülen	48,0	25,0	129,2	12,5

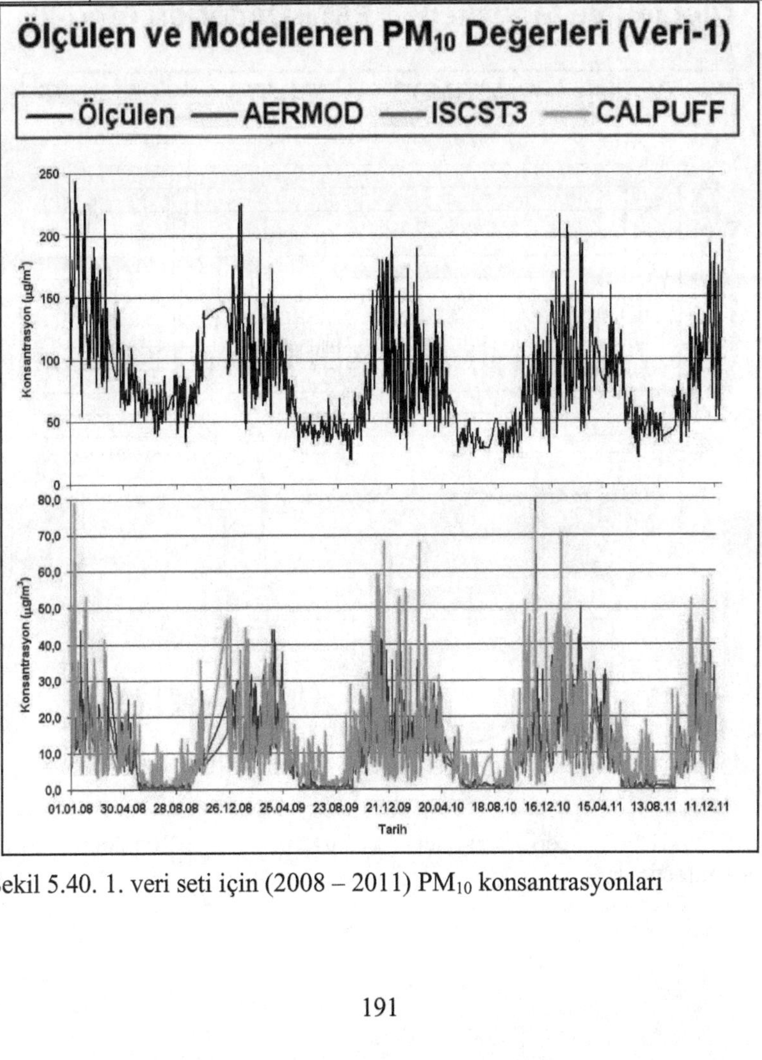

Şekil 5.40. 1. veri seti için (2008 – 2011) PM_{10} konsantrasyonları

Modellerin performanslarının belirlenmesi amacıyla hesaplanan istatistiksel parametreler Hata Kareleri Ortalamasının Karekökü (RMSE), Kesirli Sapma (FB), Korelasyon Katsayısı (r), Uyum İndeksi (IA) ve Taşma Faktörü (FOEX)'dir. AERMOD, ISCST3 ve CALPUFF modelleri için hesaplanan bu beş parametre yine 1. ve 2. veri setleri için ayrı ayrı olmak üzere Tablo 5.7'da gösterilmiştir.

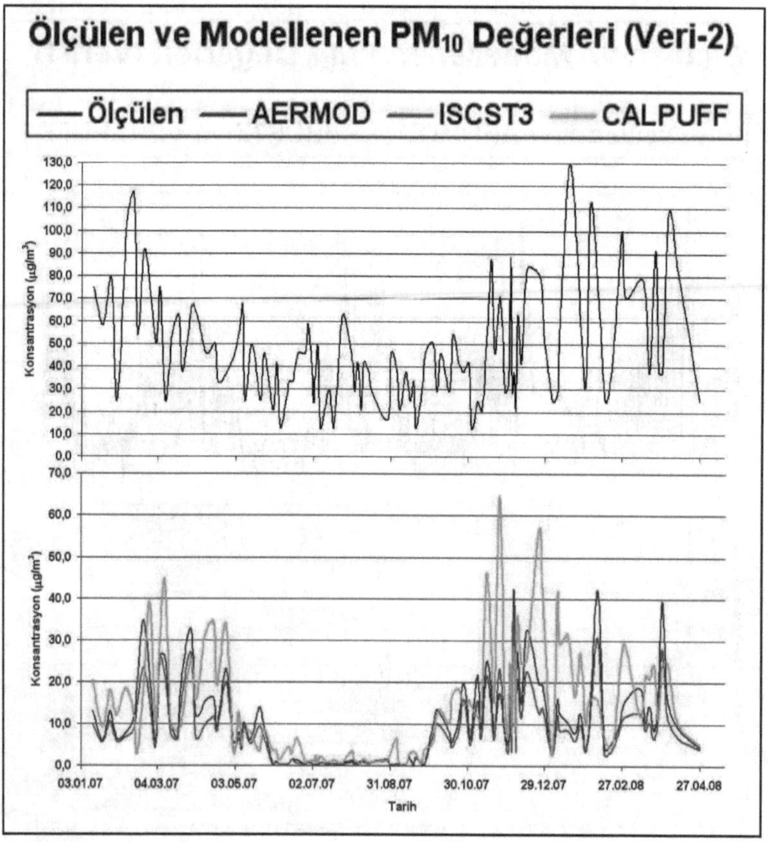

Şekil 5.41. 2. veri seti için (12.01.2007 - 27.04.2008) PM_{10} konsantrasyonları

Tablo 5.7. Model performansı belirlemek için hesaplanan istatistiksel parametreler

Veri Seti	Model Adı	FB	RMSE	IA	r	FOEX
Veri-1 (n=1186)	AERMOD	1,51	79,5	0,44	0,48	-%49,9
	ISCST3	1,61	82,1	0,43	0,53	-%50,0
	CALPUFF	1,47	78,4	0,44	0,51	-%49,7
Veri-2 (n=115)	AERMOD	1,31	44,6	0,45	0,35	-%46,5
	ISCST3	1,44	46,5	0,44	0,35	-%49,1
	CALPUFF	1,11	40,9	0,49	0,46	-%47,4

Kesirli sapma (FB), sadece ortalama değerleri kullanarak hesaplanan bir parametre olup bu değer (-2, +2) aralığında değişmektedir. En iyi model için FB değeri sıfıra eşit olur. Pozitif FB değerleri, modelin konsantrasyonları daha düşük tahmin ettiğinin göstergesidir. Tablo 5.7 incelendiğinde her iki veri seti için de tüm modellerin pozitif FB değeri verdiği görülmektedir. CALPUFF modeline ait FB değerleri diğer iki modele ait FB değerlerinden daha düşük olduğu için CALPUFF'un performansının AERMOD ve ISCST3'e göre daha iyi olduğu söylenebilir. Modellerin konsantrasyonları daha düşük tahmin ettiğinin bir diğer göstergesi de Taşma Faktörü (FOEX)'dir. -%50 ile %50 arasında değişen bu parametre modelin az veya fazla tahmin ettiğinin göstergesidir. En iyi model %0 değerini verirken düşük tahmin eden modeller negatif, fazla tahmin eden modeller de pozitif değer verecektir. Tablo 5.7'ye bakıldığında her iki veri seti için de FOEX değerlerinin -%50'ye çok yakın oldukları ve tüm modellerin konsantrasyonları ciddi şekilde düşük tahmin ettiği ortadadır.

Korelasyon analizi, ölçülen değerler ile model tarafından tahmin edilen değerler arasındaki ilişkiyi kantitatif olarak ifade etmektedir. Bu çalışmada, 1. veri seti için ölçülen konsantrasyonlar ile ISCST3 (r=0,53) ve CALPUFF (r=0,51) modellerinin tahmin ettiği değerler arasında orta düzeyde bir korelasyon olduğu görülmektedir. Ancak, 2. veri seti için her üç modelin de tahmin ettiği değerler ile ölçülen konsantrasyonlar arasında zayıf bir korelasyon olduğu burada da en iyi sonucu CALPUFF modelinin verdiği görülmektedir (r=0,46). Elbir tarafından İzmir'de yapılan hava kalitesi modelleme çalışması sonucunda SO_2 kirleticisi için modellenen ve ölçülen değerler arasındaki korelasyon değerleri Karşıyaka istasyonunda 0,62, Bornova istasyonunda 0,28, Konak istasyonunda 0,58 ve Alsancak istasyonunda da 0,54 olarak hesaplanmıştır (2003). Bu çalışmada elde edilen korelasyon değerleri Elbir'in elde ettiği korelasyon değerleri ile benzer niteliktedir. Ancak, literatürde çok daha yüksek korelasyonlar elde edilen çalışmalar da mevcuttur. Örneğin, Özkurt ve diğerleri (2013) tarafından Çanakkale'nin Çan ve Bayramiç ilçelerinde SO_2 ve NO_2 kirleticileri için yapılan modelleme çalışmasında SO_2 için 0,91 ve 0,88 (2007 ve 2008 yılları), NO_2 için de 0,93 (2007 ve 2008 yılları) değerleri elde edilmiştir.

Kesirli sapma, modellerdeki sistematik belirsizlikleri (modelin yapısı ve modele girilen verilerden kaynaklanan) ölçen bir parametredir. Sistematik belirsizlikler, modelin yapısı ve modele girilen verilerden kaynaklanmaktadır. ISCST3 modelinin kullanımı günümüzde önerilmemekle birlikte, AERMOD ve CALPUFF modelleri EPA tarafından önerilen ve tüm dünyada kabul görmüş modellerdir ve modellerin yapıları ile ilgili önemli bir sorun olduğu düşünülmemektedir. Bu çalışmadaki modellerleri yapılarıyla ilgili tek sorun ISCST3 ve AERMOD modellerinin deniz kenarındaki alanlarda duman çökelmesini (coastal fumigation) hesaplamakta yetersiz kalmasıdır. Duman çökelmesi, kıyı alanlarındaki bir kaynaktan salınan huzmenin deniz ile kara arasındaki sıcaklık farkı nedeniyle (denizin soğuk, karanın sıcak olması durumunda) kıyıya yakın bölgelerde çökerek yüksek konsantrasyon oluşturması olayıdır. Deniz, karaya göre daha soğukken kirleticilerin kara üzerindeki yayılması deniz üzerindekine kıyasla 3 kat daha fazladır. Denizden karaya esen rüzgar nedeniyle yer seviyesi konsantrasyonları 5 kata kadar artabilmektedir (Indumati ve diğ., 2009). AERMOD ve ISCST3 modellerine göre daha gelişmiş bir model olan CALPUFF meteorolojik verileri daha iyi değerlendirebildiği için duman çökelmesini rahatlıkla hesaplayabilmektedir (Bluett ve diğ., 2004). Bu çalışmada CALPUFF modelinin diğer iki modele göre daha yüksek konsantrasyonlar tahmin etmesinin sebebinin bu durum olduğu düşünülmektedir. Literatür bölümünde de anlatıldığı üzere Abdul-Wahab ve diğerlerinin (2011) Umman'da yapmış olduğu çalışmada CALPUFF'un ISCST3'e kıyasla deniz kenarında ve kompleks topografyaya sahip olan bölgelerde daha iyi sonuçlar verdiği bulunmuştur.

Bu çalışmada, Hata Kareleri Ortalamasının Karekökü (RMSE) değerlerinin 1. veri seti için 78,4 ile 82,1 arasında ve 2. veri seti için de 40,9 ile 46,5 arasında olduğu hesaplanmıştır. Uyum indeksi (IA) değerleri de her 2 veri seti için de 0,43 ile 0,49 arasındadır. Gokhale ve Raokhande (2008), Hindistan'ın Guwahati şehrinde kış sezonunda kentsel trafikten kaynaklanan PM_{10} ve $PM_{2,5}$ emisyonlarını modelledikleri çalışmalar sonucunda rapor ettikleri RMSE değerleri 23 ile 124 arasında ve IA değerleri de 0,3 ile 0,9 arasında değişmektedir. Elde edilen değerler literatür ile benzerlik göstermektedir. RMSE parametresi hem sistematik hem de sistematik olmayan (atmosferik ve ölçümler sırasında meydana gelen rasgele türbülanslar) hataları belirleyebilmektedir. 0 ile sonsuz arasında değişmekte olan bu parametre 0 değerinde model sonuçları ile ölçüm arasındaki mükemmel uyumu göstermektedir. Bu çalışmada, her iki veri seti için de en iyi RMSE değerlerini CALPUFF modeli vermiştir. Diğer iki modelin RMSE değerleri CALPUFF'a kıyasla daha yüksektir.

Burada, bir başka dikkat edilmesi gereken husus veri sayısı arttıkça RMSE değerinin de arttığıdır. Dolayısıyla, RMSE'yi standartlaştırılmış bir diğer parametre olan Uyum indeksi ile beraber irdelemek daha uygun olacaktır. IA, 0 ile 1 arasında değer alırken 1 değeri mükemmel uyumu göstermektedir. 1. veri setinde her üç modelin de IA değerlerinin birbirine çok yakın olmasına karşın, 2. veri setinde CALPUFF diğer iki modele kıyasla daha yüksek IA değerine sahiptir. Sonuç olarak, CALPUFF modelinin performansının her iki veri seti (özellikle 2. veri seti) ile yapılan istatistiksel analizler sonucu AERMOD ve ISCST3 modellerine kıyasla daha iyi olduğunu söylemek mümkündür.

Performans değerlendirmesi sonucunda, modele girilmiş olan emisyonların eksik olduğu ortadadır. Emisyon envanterine dahil edilemeyen emisyonların olduğu bilgisi Materyal ve Metot bölümünde verilmişti. Yollardaki tozların rüzgar veya motorlu taşıtlar ile tekrar havaya kalkmasıyla oluşan emisyonlarla, tüm veriye ulaşılamadığı için özel işlerinden kaynaklanan emisyonların bir bölümü bu çalışmada yer almamıştır. Ayrıca, maden ocaklarından, kaçak yakıt tüketiminden, kömürün depolanması ve taşınmasından kaynaklanan emisyonlar da envantere dahil edilememiştir. Çalışma alanındaki emisyonların eksik olmasının bir başka sebebi de ÇATES'teki baca gazı kontrol ekipmanlarının bozuk olması ve santralin bu şekilde çalıştırılması olabilir. ÇATES'teki baca gazı kontrol ünitelerinin düzgün çalışmadığı, ÇATES'in Büyük Yakma Tesisleri Yönetmeliği'ne uymadığı ZETES III için hazırlanan Çevresel Etki Değerlendirmesi raporunda yer almış ve bu rapor Çevre ve Şehircilik Bakanlığı tarafından onaylanmıştır. Modelleme çalışmaları sırasında emisyonların eksik olmasının bir diğer nedeni olarak da background PM_{10} konsantrasyon değerinin modele dahil edilememiş olmasıdır. Çalışma alanında sadece kentsel bölgede hava kalitesi izleme istasyonu bulunduğundan kırsal alandaki emisyonlar ölçülememektedir. Böylelikle, background PM_{10} konsantrasyonu belirlenememiş ve modele dahil edilememiştir. Son olarak, emisyonların eksik olmasının bir diğer nedeni de bölgeye kısa ve uzun mesafeli taşınımla gelen kirleticilerin varlığı olabilir. Tecer ve diğerleri (2012), 2004 yılı Aralık ayı ile 2005 yılı Ekim ayı arasında Zonguldak'ta yapmış oldukları kaba ve ince partikül maddelerde metal kompozisyonu belirleme çalışmalarında demir (Fe) konsantrasyonunu kaba partiküllerde ortalama 352 ng/m^3 ve ince partiküllerde de ortalama 130 ng/m^3 olarak bulmuşlardır. Partikül maddelerde bulunan bu demirin kaynağı olarak da Zonguldak'ın Ereğli ilçesinde yer alan Erdemir Demir ve Çelik Fabrikası'nı göstermişlerdir. Bu bilginin ışığında, çalışma alanına yakın çevreden kısa mesafeli taşınım olduğu rahatlıkla söylenebilir. Akbulut Çoban (2009), 2007 yılına ait ülkemizdeki PM_{10} ölçüm sonuçlarını değerlendirdiği çalışmasında Sahra Çölü'nden ülkemize ciddi oranda toz taşındığını ve bu toz taşınımına bağlı olarak 2014 yılı PM_{10} limit değerini tutturabilmenin çok zor olduğunu belirtmiştir. Yapılan bu çalışmada 2007 yılındaki yüksek PM_{10} konsantrasyonlarının gözlendiği episodların Bolu'da %37'sini ve Karabük'te de %24'ünü sahra kaynaklı toz taşınımı oluşturmaktadır. Bu iki il, Zonguldak'ın güneyden ve doğudan sınır komşusu olan illerdir. Zonguldak'ın da sahra kaynaklı toz taşınımından benzer şekilde etkilenmesi oldukça muhtemeldir. Karaca ve diğerleri (2009) ise 2008 yılında İstanbul'da yapmış oldukları çalışmada HYSPLIT (Hybrid Single-Particle Lagrangian Integrated Trajectory – Hibrit Tek-Parçacık Lagrange Entegre Yörünge) modelini kullanarak şehre gelen uzun mesafeli PM_{10} taşınımını araştırmışlardır. Çalışma sonucunda, İstanbul atmosferine özellikle kış aylarında Avrupa ve Karadeniz ülkelerinden PM_{10} taşınımı olduğu ve ilkbaharda da Akdeniz ve Arap ülkelerinden de mineral tozlarının taşındığı belirtilmiştir. Uzun mesafeli taşınım söz konusu olduğunda, Zonguldak konum itibariyle İstanbul'a yakın sayılabilecek bir şehir olup atmosferik taşınımdan benzer şekilde etkilenebilmesi olasıdır. Ancak, Zonguldak atmosferinde henüz uzun mesafeli taşınımla ilgili bir çalışma yapılmamış olduğundan kesin bir yargıya varabilmek mümkün değildir.

Model performansı değerlendirmesi sonucunda CALPUFF modelinin diğer iki modele kıyasla daha iyi sonuçlar verdiği ortaya çıkmıştır. "CALPUFF modelinin vermiş olduğu çıktılara bir background PM_{10} konsantrasyonu eklenmiş olsaydı model performansı ne olurdu?" senaryosunu da görebilmek için bir kere daha model performansı değerlendirmesi yapılmıştır. Çalışma alanında herhangi bir kırsal ölçüm istasyonu bulunmadığı için 01.06.2007 - 31.08.2007 tarihleri arasında Bülent Ecevit Üniversitesi merkez yerleşkesinde ölçülen PM_{10} konsantrasyonlarının ortalaması background konsantrasyon olarak düşünülmüştür. Bu değer 33,3 $\mu g/m^3$ olarak hesaplanmıştır. Aynı tarihlerde Zonguldak Hava Kalitesi İzleme istasyonu ölçümlerine göre ortalama PM_{10} konsantrasyonunun 94 $\mu g/m^3$ olduğu belirlenmiştir. Ölçüm tarihlerinin yaz ayları olması nedeniyle ısınmadan kaynaklı emisyonların bulunmaması; Bülent Ecevit Üniversitesi'ndeki ölçüm noktasının sanayi tesislerine uzak olması ve çevredeki motorlu taşıt trafiğinden de fazlaca etkilenmeyecek bir konumda bulunması nedeniyle 33,3 $\mu g/m^3$ PM_{10} değeri background konsantrasyon olarak kabul edilmiştir. Buradaki kabul edilen değerin, hem envantere eklenemeyen emisyonların hem de bölgeye dışarıdan taşınan partikül maddelerin toplamı olarak düşünülmesi gerekmektedir. Bu kabulün ardından, diğer modellere göre daha iyi sonuç vermiş olan CALPUFF modelinin performansı yeniden değerlendirilmiştir. CALPUFF modelinin vermiş olduğu konsantrasyon değerlerine background konsantrasyon eklendikten sonra elde edilen konsantrasyonlar ölçüm sonuçları ile karşılaştırılmıştır. Her iki veri seti için de FB, RMSE, IA ve FOEX değerleri yeniden hesaplanmıştır. Sonuçlar Tablo-5.8'de gösterilmiştir.

Tablo 5.8. Background konsantrasyon eklendikten sonra CALPUFF modeli performansının belirlenmesi

	Veri Seti 1		Veri Seti 2	
Parametre	CALPUFF	CALPUFF + Background	CALPUFF	CALPUFF + Background
FB	1,47	0,57	1,11	0,02
RMSE	78,42	51,40	40,85	22,19
IA	0,44	0,51	0,49	0,59
FOEX	-%49,7	-%37,2	-%47,4	%6,5

Her iki veri setinde de CALPUFF modelinin tahmin etmiş olduğu konsantrasyonların üzerine background konsantrasyon eklendiğinde model performansı belirleme parametrelerinden FB, RMSE, IA ve FOEX'in daha iyi sonuç verdiği görülmektedir. Literatürde (Kumar, 2014), hava kalitesi modellerinin sonuçlarının kabul edilme şartlarından biri olan "$-0,5 \leq FB \leq 0,5$" şartına 1. veri seti için çok yaklaşıldığı görülmektedir. 2. veri setinde ise FB değeri 0,02 olup neredeyse ideal koşul elde edilmiştir. Model sonucunda elde edilen değere background konsantrasyon eklendiğinde RMSE ve FOEX değerleri de ideal değer olan 0'a yaklaşma eğilimi göstermişlerdir. Benzer şekilde, IA değerleri de ideal değer olan 1'e daha fazla yaklaşmıştır. Tablo 5.8 incelendiğinde ortaya çıkan bir başka sonuç da Bülent Ecevit Üniversitesi yerleşkesinde ölçülen PM_{10} konsantrasyonları ile yapılan model performans değerlendirmesinin Zonguldak Hava Kalitesi İzleme İstasyonu'ndan elde edilen PM_{10} verileri ile yapılana kıyasla çok daha başarılı sonuçlar vermiş olmasıdır. Bunun nedeni Zonguldak Hava Kalitesi Ölçüm İstasyonunun sanayi, evsel ve ulaşım kaynaklarından daha fazla etkilenmesinin yanısıra türbülansla atmosfer ortamına partiküllerin tekrar karışarak hava kalitesi ölçüm değerlerini olumsuz yönde etkilemesi olarak düşünülmektedir.

6. SONUÇLAR ve ÖNERİLER

Hava kirliliği Zonguldak'ta en önemli çevre problemidir. Bu çalışmada, Zonguldak ili metropolitan alanında PM_{10} kirleticisi üç farklı atmosferik dağılım modeli (AERMOD, ISCST3 ve CALPUFF) ile modellenmiştir. Zonguldak'ta PM_{10}'un mekansal dağılımını gösteren ilk çalışma olması bakımından oldukça önemlidir.

Bu çalışmada, ilk olarak Zonguldak Hava Kalitesi İzleme İstasyonu'ndan elde edilen PM_{10} ölçüm değerleri irdelenmiştir. 2008-2013 yılları arasında PM_{10} konsantrasyonlarının UVS, KVS ve kış sezonu ortalaması değerlerini aştığı gün sayıları bulunmuştur. Limit değerlerin kademeli olarak azaltılmasıyla birlikte KVS değeri ilk kez 2013 yılında aşılmıştır. UVS değerinin ve kış sezonu ortalamasının aşıldığı günlerin sayısı ise 2008 yılından 2013'e doğru gidildikçe artan bir trende sahiptir. Bu sonuçlara göre, PM_{10} halk sağlığı açısından önemli bir tehdit olmaktadır. Literatürdeki çalışmalar da, Zonguldak'ta hava kirliliğine bağlı olarak solunum yolları hastalıklarının görülme sıklığının ve hastane başvurularının arttığını ortaya koymaktadır.

Hava kalitesi modellemesi sırasında yapılan ilk işlem detaylı bir emisyon envanteri hazırlanması olmuştur. Sanayi tesisleri, ulaşım ve ısınma kaynakları için PM_{10} emisyon envanteri hazırlanmıştır. Çalışma alanında, sadece Çatalağzı enerji havzasında yer alan termik santraller sanayi tesislerini oluşturmaktadır. Ulaşımdan kaynaklanan PM_{10} miktarının belirlenebilmesi için 11 farklı yolda araç sayımları yapılmış ve Zonguldak Limanı için hesaplanan PM_{10} verilerinden faydalanılmıştır. Isınmadan kaynaklanan emisyonların belirlenmesinde metropolitan bölgede yer alan 3 ilçe ve 3 beldenin mahalle bazında envanteri hazırlanmıştır. Ayrıca, verisi temin edilebilen kamu ve özel sektöre ait kurum ve kuruluşlar da çalışmaya dahil edilmiştir. Emisyon envanteri sonunda çalışma alanından atmosfere salınan toplam PM_{10} emisyonu 2710,22 ton/yıl olarak hesaplanmıştır. Bu miktarın 1648,74 ton/yılı (%60,83) sanayi tesislerinden, 1037,28 ton/yılı (% 38,27) ısınmadan ve son olarak da 24,20 ton/yılı (% 0,89) da ulaşımdan kaynaklanmaktadır.

Modelleme işleminin daha detaylı olarak yapılabilmesi ve alansal dağılımın yüksek çözünürlükte belirlenebilmesi için Coğrafi Bilgi Sistemlerinden faydalanılmıştır. CBS yazılımı olarak MapInfo yazılımı kullanılmıştır. Çizgisel kaynakların modele girilebilmesi için araç sayımı yapılan yolların haritaları ve alansal kaynakların modele girilebilmesi için de mahalle haritaları ayrı ayrı sayılaştırılarak modelleme sırasında altlık harita olarak kullanılmışlardır. Ayrıca, AERMET'teki meteorolojik parametrelerin hesaplanabilmesi için alan ölçümlerinin yapılması ve elde edilen haritaların görselleştirilmesi gibi işlemler için yine MapInfo'dan yararlanılmıştır. Bu tezin yazarı tarafından, hava kalitesi modellemesi yapacak kişilere, mutlaka temel düzeyde CBS bilgisine sahip olmaları ve en az bir tane CBS yazılımını kullanabilmeleri şiddetle tavsiye edilmektedir.

Hava kalitesi modellemesi için iki farklı yazılım kullanılmıştır. Calpuff View yazılımı CALPUFF modelini, Aermod View ise hem AERMOD hem de ISCST3 modellerini çalıştırabilmektedir. Yazılımların kullanımı sırasında yaşanan en büyük sorun Calpuff View yazılımının bilgisayara kurulmasından sonra çalışabilmesi için bazı dosyaların http://www.src.com/ web sitesinden indirilmesi gerektiğidir. 2950 $ gibi bir fiyatla sayılan bu yazılımın üzerine internetten ekstra dosya indirmek zorunda kalınması büyük bir eksikliktir.

Hava kalitesi modelleri emisyon envanteri haricinde iki temel veriye daha ihtiyaç duymaktadır: meteorolojik ve topografik veriler. Meteorolojik veriler Lakes Environmental firmasından satın alınmış olup 2007 ile 2011 arasını kapsamaktadır. Yazılımlar kendi web sunucularına bağlanarak modelin ihtiyaç duyduğu topografik veriyi indirebilmektedir. Ancak, bu çalışmada topografik veriler mekansal çözünürlüğü daha yüksek olduğu için ASTER uydu görüntülerinden elde edilmiştir.

Çalışma alanı nispeten küçük bir bölge sayılabileceği için (21 × 16 km) ısınma kaynaklarını modellere girerken mahalle bazında çalışılmıştır. Modelleme yapılacak bölgenin daha büyük olması durumunda ise ilçe bazında çalışılması ya da çalışma alanının 2 × 2, 5 × 5 veya 10 × 10 km'lik gridlere bölünerek çalışılması daha uygun olacaktır. Ayrıca, dikkat edilmesi gereken bir başka nokta da CALPUFF modelinin en fazla 200 tane alan kaynağı modelleyebilmesidir. Bu çalışmada, alan kaynak sayısı limit değeri geçmediği için herhangi bir sorun yaşanmamıştır.

Her üç hava kalitesi modeli de 1 saatlik, 24 saatlik ve 1 yıllık ortalama süreler için çalıştırılmıştır. Sanayi, ulaşım, ısınma faaliyetleri ve tüm kaynaklar için modelleme işlemleri gerçekleştirilmiştir. Toplam 36 tane kirlilik dağılım haritası elde edilmiştir. Çalışma sonucunda Zonguldak Merkez ilçede Bahçelievler, Terakki, Meşrutiyet, Mithatpaşa mahallelerinin, Kozlu İlçesi'nde Fatih mahallesinin ve Çatalağzı Beldesi'nde de Kuzyaka mahallesinin partikül madde kirliliğinden en çok etkilenen mahalleler olduğu ortaya çıkmıştır. Ayrıca, Zonguldak Merkez'de yer alan Hava Kalitesi İzleme İstasyonu'nun konumu irdelendiğinde bu istasyonun kirliliğin en fazla oluştuğu bölgelere yakın olmasına rağmen en kirli bölgeler içinde yer almadığı görülmüştür. Bu istasyonun, Terakki veya Meşrutiyet mahallerinden biri içinde PM_{10} kirliliğinin en yoğun olarak görüldüğü başka bir konuma kaydırılması daha uygun olacaktır. Metropolitan alan içerisinde yeni kurulması planlanan istasyonlar için de Fatih ve Kuzyaka mahalleleri uygun yerlerdir.

Model performanslarının değerlendirilmesi iki ayrı veri seti oluşturularak için çeşitli istatistiksel parametrelerden faydalanılmıştır. Her üç model de çok iyi sonuç vermemekle birlikte CALPUFF diğer iki modele kıyasla ölçülen değerlere daha yakın tahminlerde bulunmuştur. Bunun nedeni deniz kenarında AERMOD ve ISCST3 gibi modellerin duman çökelmesini çözememesi olup bu durum literatürdeki çalışmalarda da belirtilmiştir. Burada, AERMOD modelinin kullanımı ile ilgili bir hususa dikkat çekmek yerinde olacaktır. Çevre ve Şehircilik Bakanlığı'na sunulmak için hazırlanan ve hava kalitesi modellemesi gereken bütün Çevresel Etki Değerlendirmesi (ÇED) raporlarında AERMOD'un kullanılması Devlet Meteoroloji İşleri yetkililerince tavsiye edilmektedir. Ancak, Zonguldak gibi deniz kenarında bulunan bölgelerdeki ÇED raporlarının hazırlanmasında tüm kaynakların (sanayi, ulaşım ve ısınma) göz önüne alınarak yapılacak olan modelleme çalışmalarında, hali hazırda kullanılmakta olan AERMOD yazılımı yerine CALPUFF yazılımının kullanılması ile hava kalitesinin daha doğru tahmin edileceği sonucuna varılmıştır.

Zonguldak metropolitan alanı için yapılan bu modelleme çalışması sonucunda PM_{10} konsantrasyonlarının bazı bölgelerde halk sağlığı için tehdit oluşturacak miktarlara ulaştığı görülmüştür. Kirliliği önlemek için yapılması gereken ilk iş emisyon miktarlarının azaltılması olacaktır. Çalışma alanındaki en önemli kirletici kaynağı olan ÇATES'in 2014 yılı Nisan ayında özelleştirme işlemi tamamlanmıştır. Bu tarihten sonra adı geçen termik santralin hava kirliliği kontrol ekipmanlarının daha düzgün çalıştırılacağı ve PM_{10} emisyonlarının bir miktar daha azalacağı düşünülebilir. Ayrıca, 2014 yılında çalışma alanına doğalgaz altyapısı döşemeye başlanmış olup ilk kez 2014-2015 kış sezonunda ısınma amaçlı yakıt olarak doğalgaz da kullanılacaktır. Burada, devletin ve yerel yönetimlerin yapması gereken en önemli görev doğalgaz abonesi sayısının arttırılması için uygun fiyat politikalarının uygulanması ve hatta doğalgaz fiyatlarında ilk yıllar için sübvansiyon yapılmasıdır. Isınma amacıyla kömür tüketen konutların bacalarında siklonik filtre kullanılması PM_{10} emisyonlarının bir miktar azalmasını sağlayacaktır. Konutlarda ısı yalıtımının yapılması da emisyonların azaltılması açısından gerekli bir başka işlemdir. Bu sayede tüketilen yakıt miktarı azaltılacak ve dolayısıyla daha az kirletici atmosfere salınacaktır. Konutların ısıtılması işlemi de Zonguldak'ta oldukça yanlış olarak gerçekleştirilmektedir. Kömür fiyatlarının ucuz olmasından dolayı (kaçak kömür olması durumunda daha da ucuz!) aşırı miktarda yakıt ile ısınma yapılmaktadır. Zonguldak'ta kaloriferli evlerde oturan pek çok kişinin kaloriferlerin fazla yanması sonucunda evlerini soğutmak için pencere açtığı acı bir gerçektir. Zonguldak'ta özellikle akşam saatlerinde inversiyon olayları gözlendiğinden konutların ısıtılma işlemlerinin öğleden sonra yapılması akşam saatlerinde oluşacak kirliliği bir miktar azaltılabilir. Bütün bunlara ilaveten, motorlu taşıtlardan kaynaklanan emisyonların da azaltılabilmesi için bazı yollarda yeşil dalga uygulaması yapılarak trafiğin durmaksızın akması sağlanabilir. Motorlu taşıtlardan kaynaklanan emisyonların çoğu dur kalk sırasında meydana gelmektedir.

Hava kalitesi modelleme işleminin yapılmasının başlıca amaçlarından birisi de temiz hava planlarının hazırlanabilmesidir. Şehir ve bölge planlaması işlemlerinin kirleticilerin mekansal dağılımı belirlendikten sonra yapılması çok daha uygun olacaktır. Akciğer kapasiteleri yetişkinlere göre daha az olan çocuklar ve hastalar hava kirliliğine karşı daha hassas kişilerdir. Dolayısıyla, okul ve hastane gibi yapıların hava kalitesinin iyi olduğu bölgelerde yapılması uygun olacaktır. Örneğin, Zonguldak Mithatpaşa mahallesinde bulunan Uzunmehmet Göğüs ve Meslek Hastalıkları Hastanesi tam şehrin merkezinde ve hava kalitesi indeksi bakımından "iyi" olan bölgenin dışında kalan bir konumda olup yapılan modelleme çalışması sonuçlarına göre yer seçiminin uygun olmadığı öngörüsü ortaya çıkmaktadır. Ayrıca, yeni toplu konut alanlarının kurulacağı bölgelerin de hava kalitesi bakımından temiz olarak kabul edilen bölgelerden seçilmesi önerilmektedir.

Bu çalışma sonucunda ileriye yönelik olarak yapılması gereken bazı araştırma konuları da ortaya çıkmaktadır. Bunlardan bir tanesi çizgisel kaynakların modellenmesi ile ilgilidir. Motorlu taşıt emisyonlarını, birbirini takip eden alan kaynaklara dönüştürmek yerine doğrudan çizgisel kaynak olarak çözebilen bir model (örneğin CALINE) ile modellenmesinin gerekliliği sonucuna varılmıştır. Ayrıca, etkisinin bölge hava kalitesine her nekadar az olmasına karşın çalışma alanı hava kalitesini etkileyen uzun mesafeli taşınımların da HYSPLIT modeli ile belirlenerek sonuçların ortaya çıkarılması bir başka çalışma konusudur. İlaveten, modelleme sonuçlarında oluşan yüksek hata değerlerinin azaltılabilmesi için yapay zeka tekniklerinden olan sinir ağları, genetik algoritma vb gibi birtakım yeni hata azaltıcı tekniklerin kullanılması da hava kalitesi modelleme sonuçlarının gerçeğe daha yakın değerler üretebilmesi açısından üzerinde çalışılması gereken bir diğer konudur.

Bu tezin yazarı son olarak tezin bu bölümünde, hava kalitesi modellemesi yapacak araştırmacılara ve bilim insanlarına bazı önerilerde bulunacaktır.

Modelleme işleminin sorunsuz yapılabilmesi için her şeyden önce iyi bir donanıma sahip bilgisayara ihtiyaç duyulmaktadır. 64-bit desteği olan ve çok sayıda çekirdeğe (core) ve iş parçacığına (thread) sahip bir merkezi işlemci birimi (cpu) kullanmak modelleme sürecini oldukça kısaltacaktır. Aermod View yazılımının çok çekirdek desteği mevcuttur. Modelleme işlemi uzun sürdüğü ve sistem kaynaklarının çoğunu da kullandığı için modelleme yapılacak bilgisayarın sadece bu iş için kullanılması uygun olacaktır. Denetim Masası'ndaki Güç Seçenekleri'nden bilgisayar maksimum performansta çalışacak şekilde ayarlanmalı ve sabit disklerin kapatılması engellenmelidir. Hatta, bilgisayarın güç düğmesine yanlışlıkla basılması ihtimaline karşı bilgisayarın kapatılmaması için gerekli ayarlar da yapılmalıdır. Tüm bunlara dikkat edilmemesi birkaç günlük emeğin boşa gitmesine sebep olabilir. Ayrıca, model yazılımlarına tam olarak hakim olmadan önce gerçek senaryo çalıştırılmamalı, küçük çaplı deneme runları yapılmalıdır. Modeller büyük boyutlu text dosyaları ürettiklerinden Windows'un Notepad ve Wordpad yazılımları bu dosyaları görüntülemekte yetersiz kalmaktadırlar. Bunlara alternatif olarak ücretsiz bir yazılım olan Notepad++'ın kullanımı önerilmektedir.

7. KAYNAKLAR

Abdul-Wahab S., Sappurd A., Al-Damkhi A., Application of California Puff (CALPUFF) Model: a Case Study for Oman, *Clean Techn Environ Policy*, 2011, **13**, 177-189.

Ahrens C. D., *Essentials of Meteorology an Invitation to the Atmosphere*, 3rd ed., Brook/Cole Publishing Company, U.S.A., 2000.

Akbulut Çoban N., Türkiye'de Kentlerde Ölçülen Partiküler Madde (PM_{10}) Konsantrasyonlarının Değerlendirilmesi, Yüksek Lisans Tezi, Hacettepe Üniversitesi Fen Bilimleri Enstitüsü, Ankara, 2009, 270210.

Akyüz M., Çabuk H., Particle-associated Polycyclic Aromatic Hydrocarbons in the Atmospheric Environment of Zonguldak, Turkey, *Science of the Total Environment*, 2008, **405**, 62-70.

Arya S. P., *Air Pollution Meteorology and Dispersion*, Oxford University Press, U.S.A., 1999.

Avcı S., Türkiye'de Termik Santraller ve Çevresel Etkileri, *İstanbul Üniversitesi Edebiyat Fakültesi Coğrafya Bölümü Coğrafya Dergisi*, 2005, **13**, 1-26.

Aydın Ö., Havadaki SO_2 ve PM Konsantrasyonunun İstatistiksel Yöntemler ile Modellenmesi: Zonguldak Şehir Örneği, Yüksek Lisans Tezi, Zonguldak Karaelmas Üniversitesi, Fen Bilimleri Enstitüsü, Zonguldak, 2006, 183265.

Bandyopadhyay A., Prediction of Ground Level Concentration of Sulfur Dioxide Using ISCST3 Model in Mangalore Industrial Region of India, *Clean Techn Environ Policy*, 2009, **11**, 173-188.

Barna M. G., Gimson N. R., Dispersion Modelling of a Wintertime Particulate Pollution Episode in Christchurch, New Zealand, *Atmospheric Environment*, 2002, **36**, 3531-3544.

Behera S. N., Sharma M., Dikshit O., Shukla S. P., GIS-Based Emission Inventory, Dispersion Modeling and Assessment for Source Contributions of Particulate Matter in an Urban Environment, *Water Air Soil Pollution*, 2011, **218**, 423-436.

Bennett N. D., Croke B. F. W., Guariso G., Guillaume J. H. A., Hamilton S. H., Jakeman A. J., Marsili-Libelli S., Newham L. T. H., Norton J. P., Perin C., Pierce S. A., Robson B., Seppelt R., Voinov A. A., Fath B. D., Andreassian V., Characterising Performance of Environmental Models, *Environmental Modelling & Software*, 2013, **40**, 1-20.

Bhaskar B. V., Rajasekhar R. V. J., Muthusubramanian P., Kesarkar A. P., Measurement and Modeling of Respirable Particulate (PM_{10}) and Lead Pollution over Madurai, India, *Air Qual Atmos Health*, 2008, **1**, 45-55.

Bluett J., Gimson N., Fisher G., Heydenrych C., Freeman T., Godfrey J., *Good Practice Guide for Atmospheric Dispersion Modelling*, Ministry for the Environment, New Zealand, 2004.

Borrego C. Monteiro A., Ferreira J., Miranda A.I., Costa A.M., Carvalho A.C., Lopes M., Procedures for Estimation of Modelling Uncertainty in Air Quality Assessment, *Environment International*, 2008, **34**, 613-620.

Boubel R.W., Fox D.L., Turner D. B., Stern A.C., *Fundamentals of Air Pollution*, 3rd ed., Academic Press, U.S.A., 1994.

Chai F., Gao J., Chen Z., Wang S., Zhang Y., Zhang J., Zhang H., Yun Y., Ren C., Spatial and Temporal Variation of Particulate Matter and Gaseous Pollutants in 26 Cities in China, *Journal of Environmental Sciences*, 2014, **26**, 75-82.

Chang J. C., Hanna S. R., Air Quality Model Performance Evaluation, *Meteorol Atmos Phys*, 2004, **87**, 167-196.

Chaudhary M. T., Air Pollution Modeling in İskenderun region of Turkey, Doctoral Thesis, Middle East Technical University, Institute of Natural and Applied Science, Ankara, 2003, 143651.

Cheremisinoff N. P., *Handbook of Air Pollution Prevention and Control*, Butterworth-Heinemann, U.S.A., 2002.

Cimorelli A. J., Perry S. G., Venkatram A., Weil J. C., Paine R. J., Wilson R. B., Lee R. F., Peters W. D., Brode R. W., Paumier J. O., AERMOD: Description of Model Formulation, *U. S. Environmental Protection Agency*, EPA-454/R-03-004, 40-42, 2004.

Colls J., *Air Pollution*, 2nd ed., Spon Press, U.S.A., 2002.

Çetin Ş., Karademir A., Pekey B., Ayberk S., Inventory of Emissions of Primary Air Pollutants in the City of Kocaeli, Turkey, *Environ Monit Assess*, 2007, **128,** 165-175.

Çınar Mühendislik, Zonguldak Eren Termik Santrali (ZETES) II Nihai ÇED Raporu, *Çınar Mühendislik Müşavirlik A.Ş.*, 245-261, Ankara, 2009.

de Nevers N., *Air Pollution Control Engineering*, Mc-Graw Hill Inc., New York, 1995.

Demirarslan K. O., Kocaeli İli Körfez İlçesinde Hava Kirletici Kaynaklarının ve Hava Kalitesi Seviyesinin Belirlenmesi, Doktora Tezi, Kocaeli Üniversitesi, Fen Bilimleri Enstitüsü, Kocaeli, 2012, 323156.

Demirarslan O., Çetin Ş., Ayberk S., Hava Kirliliği Belirlemelerinde Modelleme Yaklaşımı ve Modelleme Aşamasında Karşılaşılabilecek Sorunlar, *Çevre Sorunları Sempozyumu*, Kocaeli, Türkiye, 14-17 Mayıs 2008.

DMİ, Resmi İstatistikler (İllerimize Ait İstatistiki Veriler) - Zonguldak, Devlet Meteoroloji İşleri Genel Müdürlüğü, http://www.dmi.gov.tr/veridegerlendirme/il-ve-ilceler-istatistik.aspx?m=ZONGULDAK, (Ziyaret Tarihi: 02 Şubat 2014).

Donnelly R. P., Lyons T. J., Flassak T., Evaluation of Results of a Numerical Simulation of Dispersion in an Idealised Urban Area for Emergency Response Modelling, *Atmospheric Environment*, 2009, **43**, 4416-4423.

Durgun D., Kömür Kalitesine Bağlı Olarak Çatalağzı Termik Santralinde Katı Atık Miktarının Belirlenmesi, Yüksek Lisans Tezi, Zonguldak Karaelmas Üniversitesi, Fen Bilimleri Enstitüsü, Zonguldak, 2008, 222241.

Elbir T., Comparison of Model Predictions with the Data of an Urban Air Quality Monitoring Network in Izmir, Turkey, *Atmospheric Environment*, 2003, **37**, 2149-2157.

EPA, Documentation of the Evaluation of CALPUFF and Other Long Range Transport Models Using Tracer Field Experiment Data, *U. S. Environmental Protection Agency*, EPA-454/R-12-003, 17-18, 2012.

EPA, Emissions Factors & AP 42, Compilation of Air Pollutant Emission Factors, Volume I, Stationary Point and Area Sources, 5th ed., *U. S. Environmental Protection Agency*, 21-23, 1997.

EPA, User's Guide for the Industrial Source Complex (ISC3) Dispersion Models Volume II - Description of Model Algorithms, *U. S. Environmental Protection Agency*, EPA-454/B-95-003b, 1-3, 1995.

Finlayson-Pitts B. J., Pitts J. N., *Chemistry of the Upper and Lower Atmosphere Theory, Experiments, and Applications*, Academic Pres, U.S.A., 2000.

Fraile R., Calvo A. I., Castro A., Fernandez-Gonzalez D., Garcia-Ortega E., The Behavior of the Atmosphere in Long-Range Transport, *Aerobiologia*, 2006, **22**, 35-45.

Godish, T., *Air Quality*, 4th ed., CRC Press, U.S.A., 2004.

Gokhale S., Raokhande N., Performance Evaluation of Air Quality Models for Predicting PM_{10} and $PM_{2.5}$ Concentrations at Urban Traffic İntersection During Winter Period, *Science of the Total Environment*, 2008, **394**, 9-24.

Griffin R. D., *Principles of Air Quality Management*, 2nd ed., Taylor & Francis Group, LLC, U.S.A., 2007.

Hanha S. R., Air Quality Model Evaluation and Uncertainty, *JAPCA*, 1988, **38**(4), 406-412.

Heckel P.F., LeMasters G.K., The Use of AERMOD Air Pollution Dispersion Models to Estimate Residential Ambient Concentrations of Elemental Mercury, *Water Air Soil Pollut*, 2011, **219**, 377-388.

Hill M. K., *Understanding Environmental Pollution*, Cambridge University Press, New York, 2004.

HKDYY, Hava Kalitesi Değerlendirme ve Yönetimi Yönetmeliği, *T.C. Çevre ve Şehircilik Bakanlığı*, Ankara, 2008.

Holman C., Sources of Air Pollution, Editors: Holgate S. T., Samet J. M., Koren H. S., Maynard R. L., *Air Pollution and Health*, Academic Press, U.S.A., 114-148, 1999.

Holmes N. S., Morawska L., A Review of Dispersion Modelling and its Application to the Dispersion of Particles: an Overview of Different Dispersion Models Available, *Atmospheric Environment*, 2006, **40**, 5902-5928.

Huertas J. I., Huertas M. E., Izquierdo S., Gonzalez E. D., Air Quality Impact Assessment of Multiple Open Pit Coal Mines in Northern Colombia, *Journal of Environmental Management*, 2012, **93**, 121-129.

Indumati S., Oza R. B., Maya Y. S., Puranik V. D., Kushwaha H. S., Dispersion of Pollutants over Land–Water–Land Interface: Study Using CALPUFF Model, *Atmospheric Environment*, 2009, **43**, 473-478.

IPCC, Climate Change 2007: The Physical Science Basis, Contribution of Working Group I to the Fourth Assessment Report of the IPCC, Intergovernmental Panel on Climate Change http://www.ipcc.ch/publications_and_data/publications_ipcc_fourth _assessment_report_wg1_report_the_physical_science_basis.htm, (Ziyaret Tarihi: 15 Mart 2014).

İncecik S., Hava Kalitesi Yönetimi Kursu Notları, İzmir, 1999.

Jackson A. V., Sources of Air Pollution, Editors: Hewitt C. N., Jackson A. V., *Handbook of Atmospheric Science*, Blackwell Publishing, U.S.A., 2003.

Jacob D. J., *Introduction to Atmospheric Chemistry*, Princeton University Press, New Jersey, 1999.

Jacobson M. Z., *Atmospheric Pollution*, Cambridge University Press, New York, 2002.

Jeong S. J., CALPUFF and AERMOD Dispersion Models for Estimating Odor Emissions From Industrial Complex Area Sources, *Asian Journal of Atmospheric Environment*, 2011, **5**(1), 1-7.

Kakosimos K.E., Assael M. J., Katsarou A. S., Application and Evaluation of AERMOD on the Assessment of Particulate Matter Pollution Caused by Industrial Activities in the Greater Thessaloniki Area, *Environmental Technology*, 2011, **32**(6), 593-608.

Kaldellis J. K., Kokala A., Quantifying the Decrease of the Photovoltaic Panels' Energy Yield due to Phenomena of Natural Air Pollution Disposal, *Energy*, 2010, **35**, 4862-4869.

Karaca F., Anıl İ., Alagha O., Long-Range Potential Source Contributions of Episodic Aerosol Events to PM_{10} Profile of a Megacity, *Atmospheric Environment*, 2009, **43**, 5713-5722.

Karaca M., Ertürk, F., Kömür Kaynaklı Hava Kirliliğinin Modellenmesi, Editors: Kural O., Karaosmanoğlu F., *Kömür Özellikleri, Teknolojisi ve İlişkileri*, Özgün Ofset Matbaacılık A.Ş., İstanbul, 639-649, 1998.

Kocabaş S., Pekey B., Pekey H., Karadeniz'de Limanlardan Kaynaklanan Hava Kirliliği, Zonguldak Örneği, *Çevre Bilim & Teknoloji Teknik Dergi*, 2012, **4**(1), 41-45.

Kumar A., Evaluation of Hazardous Release Models, http://www.eng.utoledo.edu /aprg/courses/dm/hmodel.html (Ziyaret Tarihi: 09 Ocak 2014).

Langmann B., Folch A., Hensch M., Matthias V., Volcanic Ash over Europe during the Eruption of Eyjafjallajökull on Iceland, AprileMay 2010, *Atmospheric Environment*, 2012, **48**, 1-8.

Lopez M. T., Zuk M., Garibay V., Tzintzun G., Iniestra R., Ferna´ndez A., Health Impacts from Power Plant Emissions in Mexico, *Atmospheric Environment*, 2005, **39**, 1199-1209.

MacNee W., Donaldson K., Particulate Air Pollution: Injurious and Protective Mechanisms in the Lungs, Editors: Holgate S. T., Samet J. M., Koren H. S., Maynard R.L., *Air Pollution and Health*, Academic Press, U.S.A., 653-672, 1999.

Menteşe S., Zonguldak'ta Hava Kirliliği (PM_{10} & SO_2) ve Solunum Yolu Hastalıkları İlişkisi, Yüksek Lisans Tezi, Balikesir Üniversitesi, Sosyal Bilimler Enstitüsü, Balikesir, 2011, 280596.

Mikami M., Shi G. Y., Uno I., Yabuki S., Iwasaka Y., Yasui M., Aoki T., Tanaka T. Y., Kurosaki Y., Masuda K., Uchiyama A., Matsuki A., Sakai T., Takemi T., Nakawo M., Seino N., Ishizuka M., Satake S., Fujita K., Hara Y., Kai K., Kanayama S., Hayashi M., Du M., Kanai Y., Yamada Y., Zhang X. Y., Shen Z., Zhou H., Abe O., Nagai T., Tsutsumi Y., Chiba M., Suzuki J., Aeolian Dust Experiment on Climate Impact: An Overview of Japan – China Joint Project ADEC, *Global and Planetary Change*, 2006, **52**, 142-172.

Moriasi D. N., Arnold J. G., Van Liew M. W., Bingner R. L., Harmel R. D., Veith T. L., Model Evaluation Guidelines for Systematic Quantification of Accuracy in Watershed Simulations, *Transactions of the ASABE*, 2007, **50**(3), 885-900.

Nathanson J. A., *Basic Environmental Technology*, Prentice Hall, New Jersey, 1999.

Nunnari G., Dorling S., Schlink U., Cawley G., Foxall R., Chatterton T., Modelling SO_2 Concentration at a Point with Statistical Approaches, *Environmental Modelling & Software*, 2004, **19**, 887-905.

OECD, How's Life? 2013 Measuring Well-Being, http://www.oecd.org/statistics/ howslife.htm (Ziyaret Tarihi: 19 Aralık 2013).

Onat B., Bayat, C., Şahin, Ü., PM_{10} Dispersion Modeling: Urban Case Study from Turkey, *Fresenius Environmental Bulletin*, 2004, **13**(9), 889-894.

Örnek T., Zonguldak İl Merkezinde Kronik Obstrüktif Akciğer Hastalığı Prevalansının Değerlendirilmesi, Uzmanlık Tezi, Zonguldak Karaelmas Üniversitesi, Tıp Fakültesi, Zonguldak, 2006, 193083.

Özkurt N., Sarı D., Akalın N., Hilmioğlu B., Evaluation of the Impact of SO_2 and NO_2 Emissions on the Ambient Air-Quality in the Çan–Bayramiç Region of Northwest Turkey during 2007–2008, *Science of the Total Environment*, 2013, **456-457**, 254-266.

Paschalidou A. K., Kassomenos P. A., On the Evaluation of Box Model Results: the Case of BOXURB Model, *Environ Monit Assess*, 2009, **155**, 103-118.

Payan F., Bursa İlinin Hava Kirliliği Haritasının Çıkartılması, Yüksek Lisans Tezi, Uludağ Üniversitesi, Fen Bilimleri Enstitüsü, Bursa, 1997, 67638.

Pierce J. J., Weiner F. R., Vesilind P. A., *Environmental Pollution and Control*, 4th ed., Butterworth-Heinemann Publication, U.S.A., 1998.

Polichetti G., Cocco S., Spinalli A., Trimarco V., Nunziata A., Effects of Particulate Matter (PM_{10}, $PM_{2.5}$ and PM_1) on the Cardiovascular System, *Toxicology*, 2009, **261**, 1-8.

Righi S., Lucialli P., Pollini E., Statistical and Diagnostic Evaluation of the ADMS-Urban Model Compared with an Urban Air Quality Monitoring Network, *Atmospheric Environment*, 2009, **43**, 3850-3857.

Rycroft M. J., The Mount Pinatubo Eruptions, Effects of the Atmosphere and Climate, *Journal of Atmospheric and Solar-Terrestrial Physics*, 1997, **59**(11), 1360.

Schnelle K., B., Brown C., A., *Air Pollution Control Technology Handbook*, CRC Press LLC, U.S.A., 2002.

Scire J. S., Strimaitis D. G., Yamartino R. J., A User's Guide for the CALPUFF Dispersion Model (Version 5), *Earth Tech, Inc.*, 2-4, 2000.

Sokhi R. S., San Jose R., Kitwiroon N., Fragkou E., Perez J. L., Middleton D. R., Prediction of Ozone Levels in London Using the MM5–CMAQ Modelling System, *Environmental Modelling & Software*, 2006, **21**, 566-576.

Spellman F.R., *The Science of Air Concepts and Applications*, 2nd ed., CRC Press, U.S.A., 2009.

Sportisse B., *Fundamentals in Air Pollution from Processes to Modelling*, Springer, Paris, 2010.

Süren P., Zonguldak Kent Merkezi Atmosferik Partikül Madde Kirliliğinin; $PM_{2.5}$ ve PM_{10} Boyut Dağılımı, Kaynak ve Metalik Kompozisyon Temelinde İncelenmesi, Yüksek Lisans Tezi, Balıkesir Üniversitesi, Fen Bilimleri Enstitüsü, Balıkesir, 2007, 177952.

Taşpınar F., Bakoğlu M., İzmit Klinik ve Tehlikeli Atıkları Yakma ve Enerji Üretim Tesisi'nden Atmosfere Verilen Azot Oksit (NO_x) Emisyonlarının Dağılımının Modellenmesi, *V. Ulusal Çevre Mühendisliği Kongresi*, Ankara, Türkiye, 1-4 Ekim 2003.

Tayanç M., Berçin A., SO_2 Modeling in İzmit Gulf, Turkey During the Winter of 1997: 3 cases, *Environ Model Assess*, 2007, **12**, 119-129.

Tayanç M., Türkiye'de Hava Kalitesi Modellemesi, *Hava Kirliliği Araştırmaları Dergisi*, 2013, **2**, 112-122.

Tecer L. H., Süren P., Alagha O., Karaca F., Tuncel G., Effect of Meteorological Parameters on Fine and Coarse Particulate Matter Mass Concentration in a Coal-Mining Area in Zonguldak, Turkey, *Journal of the Air & Waste Management Association*, 2008, **58**(4), 543-552.

Tecer L. H., Tuncel G., Karaca F., Alagha O., Süren P., Zararsız A., Kırmaz R., Metallic Composition and Source Apportionment of Fine and

Coarse Particles Using Positive Matrix Factorization in the Southern Black Sea Atmosphere, *Atmospheric Research*, 2012, **118**, 153-169.

Trapp W., Paciorek M., Paciorek M. K., Juda-Rezler K., Warchałowski A., Reizer M., Modeling of PM_{10} and $PM_{2.5}$ Particulate Matter Air Pollution in Poland, Editors: Pawlowski L., Dudzinska M. R., Pawlowski A., *Environmental Engineering III*, Taylor & Francis Group, London, 97-104, 2010.

TUİK, Çevre İstatistikleri, Türkiye İstatistik Kurumu, http://www.tuik.gov.tr/ (Ziyaret Tarihi: 12 Mayıs 2012).

Turoğlu H., *Coğrafi Bilgi Sistemlerinin Temel Esasları*, 2. Baskı, Çantay Kitapevi, İstanbul, 2011.

Uherek E., Halenka T., Borken-Kleefeld J., Balkanski Y., Berntsen T., Borrego C., Gauss M., Hoor P., Juda-Rezler K., Lelieveld J., Melas D., Rypdal K., Schmid S., Transport Impacts on Atmosphere and Climate: Land Transport, *Atmospheric Environment*, 2010, **44**, 4772 - 4816

URL-1: http://www.havaizleme.gov.tr/ (Ziyaret Tarihi: 14 Ocak 2014).

URL-2: http://www.epa.gov/air/criteria.html (Ziyaret Tarihi: 14 Ocak 2014).

URL-3: http://ec.europa.eu/environment/air/quality/standards.htm (Ziyaret Tarihi: 14 Ocak 2014).

URL-4: http://www.eea.europa.eu/data-and-maps/figures/airbase-exchange-of-information -5 (Ziyaret Tarihi: 18 Ağustos 2014).

URL-5: http://www.havaizleme.gov.tr/StationReportFast.aspx?ST_ID=86 (Ziyaret Tarihi: 10 Mayıs 2013).

Weber E., *Air Pollution Assessment Methodology and Modeling*, Springer Science + Business Media, New York, 1982.

Weblakes, ISCST3 Tech Guide Plume Rise Formulas, http://www.weblakes.com /guides/iscst3/section6/6_1_4.html (Ziyaret Tarihi: 19 Kasım 2013).

Wen C. C., Yeh H. H., Comparative Influences of Airborne Pollutants and Meteorological Parameters on Atmospheric Visibility and Turbidity, *Atmospheric Research*, 2010, **96**, 496-509.

WHO, *Air Quality Guideline:. Global Update 2005. Particulate Matter, Ozone, Nitrogen Dioxide and Sulfur Dioxide*, Druckpartner Moser, Germany, 2006.

Yasin M. F., Al-Awadhi M. M., Impact of Sulfur Dioxide Emissions of Power Stations on Ambient Air Quality, *Environmental Engineering Science*, 2011, **28**(7), 469-475.

Yatkın S., Bayram A., İzmir Havasında Partikül Madde Kirliliği: Ölçüm ve Değerlendirme, *DEÜ Mühendislik Fakültesi Fen ve Mühendislik Dergisi*, 2007, **9**(2), 15-27.

Yıldırım Y., Bayramoğlu M., Adaptive Neuro-Fuzzy Based Modelling for Prediction of Air Pollution Daily Levels in City of Zonguldak, *Chemosphere*, 2006, **63**, 1575-1582.

Yücel Ş., Aydın M., Kuvvetli E., Güneş H., Zonguldak İl Çevre Durum Raporu - 2011, *Zonguldak Valiliği Çevre ve Şehircilik İl Müdürlüğü*, 193-195, 2011.

Zanetti P., *Air Pollution Modeling Theroies, Computational Methods and Available Software*, Computational Mechanics Publications, UK, 1990.

Zeydan Ö., Yıldırım Y., Çatalağzı Enerji Havzasındaki Termik Santrallerden Kaynaklanan Emisyonların Belirlenmesi, *V. Hava Kirliliği ve Kontrolü Sempozyumu (HKK2013)*, Eskişehir, Türkiye, 18-20 Eylül 2013.

Zeydan Ö., Zonguldak Bölgesi Sera Gazı Emisyon Miktarlarının Belirlenmesi, Yüksek Lisans Tezi, Zonguldak Karaelmas Üniversitesi, Fen Bilimleri Enstitüsü, Zonguldak, 2008, 179841.

Zou B., Zhan F. B., Wilson J. G., Zeng Y., Performance of AERMOD at Different Time Scales, *Simulation Modelling Practice and Theory*, 2010, **18,** 612-623.

EK-A Isınma Amaçlı Yakıt Tüketim Verileri

Tablo A.1. Kömür tüketen kamu kurumları ve tüketilen yakıt miktarları

Kurum Adı	Mahalle	İlçe/Belde	Kömür Tüketimi (ton/yıl)
Türkiye Taşkömürü Kurumu Karadon İşletme Müessesesi	Karadon	Kilimli	1330
Kilimli Polikliniği	Merkez	Kilimli	100
Türk Telekom (Kilimli Santral ve Hizmet Binası)	Merkez	Kilimli	40
BEÜ Kilimli Meslek Yüksek Okulu	Merkez	Kilimli	60
İl Jandarma Kozlu Kar. Kom.	Fatih	Kozlu	30
Türkiye Taşkömürü Kurumu Kozlu İşletme Müessesesi	Güney	Kozlu	850
Kozlu Polikliniği	Güney	Kozlu	100
BEÜ İncirharmanı Kampüsü	Güney	Kozlu	100
Türk Telekom (Üzülmez Santral ve Hizmet Binası)	Asma	Zonguldak	40
Yurtkur (Bahçelievler Lojman)	Bahçelievler	Zonguldak	30
Meteoroloji Müdürlüğü	Bahçelievler	Zonguldak	28
İl Emniyet Müdürlüğü	Bahçelievler	Zonguldak	350
Atatürk Devlet Hastanesi Site Ek Bina	Bahçelievler	Zonguldak	350
İl Jandarma Muhafız Böl. Kom.	Bahçelievler	Zonguldak	81
Türkiye Taşkömürü Kurumu Üzülmez İşletme Müessesesi	Baştarla	Zonguldak	850
BEÜ Güzel Sanatlar Fakültesi	Baştarla	Zonguldak	30
İl Özel İdare Ek Hizmet Binası	Çaydamar	Zonguldak	50
BEÜ Lojmanları	İncivez	Zonguldak	220
Defterdarlık Personel Müdürlüğü	Meşrutiyet	Zonguldak	80.5
Aile ve Sosyal Politikalar İl Müdürlüğü	Meşrutiyet	Zonguldak	37
Atatürk Devlet Hastanesi	Meşrutiyet	Zonguldak	650
Adliye Binası	Meşrutiyet	Zonguldak	90
Polis lojmanları	Meşrutiyet	Zonguldak	30
Orduevi	Meşrutiyet	Zonguldak	40
Valilik	Meşrutiyet	Zonguldak	100
Vergi Dairesi	Meşrutiyet	Zonguldak	35
Türkiye Taşkömürü Kurumu Merkez Atölyesi	Mithatpaşa	Zonguldak	437.5
İl Kültür ve Turizm Müdürlüğü	Mithatpaşa	Zonguldak	61
Çalışma ve İşkurumu İl Müdürlüğü	Mithatpaşa	Zonguldak	56
İl Özel İdare Ana Binası	Mithatpaşa	Zonguldak	200
Gıda Tarım ve Hayvancılık İl Müdürlüğü	On Temmuz	Zonguldak	65
İl Jandarma Merkez Kom.	Terakki	Zonguldak	57
Zonguldak Belediyesi	Terakki	Zonguldak	100
İl Müftülük Binası	Terakki	Zonguldak	60
Gençlik Hizmetleri ve Spor İl Müdürlüğü	Yayla	Zonguldak	250
İl Sağlık Müdürlüğü	Yayla	Zonguldak	105

Tablo A.2. Kömür tüketen özel sektöre ait kurumlar ve tüketilen yakıt miktarları

Kurum Adı	Mahalle	İlçe/Belde	Kömür Tüketimi (ton/yıl)
Umut Apart	Meşrutiyet	Zonguldak	100
Ali Barlı İşhanı	Meşrutiyet	Zonguldak	30
Yılmazlar İşhanı	Meşrutiyet	Zonguldak	20
Aksaray İşhanı	Meşrutiyet	Zonguldak	30
Mete Ulupınar İşhanı	Meşrutiyet	Zonguldak	10
Elif Sağlık İşhanı	Meşrutiyet	Zonguldak	50
Sönmezler İşhanı	Meşrutiyet	Zonguldak	20
Yardımsevenler İşhanı	Meşrutiyet	Zonguldak	20
Yurtbaylar İşhanı	Meşrutiyet	Zonguldak	6
Mer Otel	Meşrutiyet	Zonguldak	35
Murat İşhanı	Meşrutiyet	Zonguldak	20
Uzunçarşı İşhanı	Meşrutiyet	Zonguldak	30
Başkent Elektrik	Mithatpaşa	Zonguldak	25
Çelikel İşhanı	Mithatpaşa	Zonguldak	35
Sümerbank İşhanı	Mithatpaşa	Zonguldak	20
Emral Çarşısı	Mithatpaşa	Zonguldak	55
Çolaklar İşhanı	Mithatpaşa	Zonguldak	30
Kızılay İşhanı	Mithatpaşa	Zonguldak	30
Otel Burcu	Mithatpaşa	Zonguldak	15
Esnaf Kefalet İşhanı	Mithatpaşa	Zonguldak	10
Vakıf İşhanı	Mithatpaşa	Zonguldak	45
Emniyet Otel	Mithatpaşa	Zonguldak	40
Ulupınar Yağcılar İşhanı	Mithatpaşa	Zonguldak	20
Çakmak İşhanı	Mithatpaşa	Zonguldak	40
Ticaret İşhanı	Mithatpaşa	Zonguldak	25
Hotel Konak	Mithatpaşa	Zonguldak	45
Amele Birliği Pasajı	Mithatpaşa	Zonguldak	20
A Tıp Merkezi	Terakki	Zonguldak	35
Onka Kız Yurdu	Terakki	Zonguldak	75
Turgut Zavagar Yurdu	Terakki	Zonguldak	80
Kent Otel	Terakki	Zonguldak	40
Fem Dershanesi	Terakki	Zonguldak	40
Ana Fen Dershanesi	Terakki	Zonguldak	35
Emirgan Otel	Yayla	Zonguldak	200

TabloA.3. Fuel Oil-6 tüketen kurumlar ve tüketilen yakıt miktarları

Kurum Adı	Mahalle	İlçe/Belde	Fuel Oil-6 Tüketimi (ton/yıl)
Bülent Ecevit Üniversitesi Merkez Yerleşkesi	İncivez	Zonguldak	497
TUİK	Mithatpaşa	Zonguldak	4.5
12 Katlı İş Merkezi	Mithatpaşa	Zonguldak	40
Emek Çarşısı	Mithatpaşa	Zonguldak	7
Demirci Çarşısı	Mithatpaşa	Zonguldak	6
Halk Bankası	Mithatpaşa	Zonguldak	7
PTT Merkez Şube	Meşrutiyet	Zonguldak	45
Türk Telekom Ek Hizmet Binası	Meşrutiyet	Zonguldak	8
SGK Binası	Meşrutiyet	Zonguldak	100
Hotel Ay	Meşrutiyet	Zonguldak	7

Tablo A.4. Okullarda tüketilen kömür miktarının hesaplanması

Okul Adı	Mahalle	İlçe/Belde	Öğrenci Sayısı	Öğrenci Sayısı (%)	Kömür tüketimi (ton/yıl)
Çatalağzı İlköğretim Okulu	Hacıoğlu	Çatalağzı	392	1.31	40.64
Işıkveren İlköğretim Okulu	Işıkveren	Çatalağzı	286	0.96	29.65
Çatalağzı Gaziosmanpaşa İlköğretim Okulu	Merkez	Çatalağzı	134	0.45	13.89
Çatalağzı Plevne İlköğretim Okulu	Merkez	Çatalağzı	121	0.40	12.54
Gelik İlköğretim Okulu	Merkez	Gelik	352	1.18	36.49
Gelik Ayiçi 100 Yıl İlköğretim Okulu	Merkez	Gelik	187	0.63	19.39
Kilimli 100.yıl İlköğretim Okulu	Belediye Sitesi	Kilimli	461	1.54	47.79
Kilimli Madenciler İlköğretim Okulu	Bölüm	Kilimli	183	0.61	18.97
Kilimli And. Mes. Lis., Teknik Lise ve E.M.L	Bölüm	Kilimli	365	1.22	37.84
Kilimli Anadolu Lisesi	Çamlık	Kilimli	187	0.63	19.39
Kılımlı Cumhuriyet İlköğretim Okulu	Güney	Kilimli	407	1.36	42.19
Kilimli Damarlı İlköğretim Okulu	Güney	Kilimli	109	0.36	11.30
Mehmet Akif Ersoy İlköğretim Okulu	Hisararkası	Kilimli	402	1.34	41.67
Ziya Gökalp İlköğretim Okulu	Karadon	Kilimli	614	2.05	63.65
Başöğretmen Şükrü Yavuz İlköğretim Okulu	Merkez	Kilimli	449	1.50	46.55
İsmet İnönü İlköğretim Okulu	Merkez	Kilimli	215	0.72	22.29
Kilimli Lisesi	Merkez	Kilimli	399	1.33	41.36
Kilimli Pratik Kız Sanat Okulu	Merkez	Kilimli	163	0.55	16.90
Kilimli Pirireis İlköğretim Okulu	Soğuksu	Kilimli	240	0.80	24.88
Kozlu 19 Mayıs 100.Yıl İlköğretim Okulu	19 Mayıs	Kozlu	423	1.41	43.85
Kozlu Pratik Kız Sanat Okulu	19 Mayıs	Kozlu	251	0.84	26.02
Kozlu Atatürk İlköğretim Okulu	Fatih	Kozlu	401	1.34	41.57
Kozlu İlköğretim Okulu	Fatih	Kozlu	775	2.59	80.34
Kozlu Kocatepe İlköğretim Okulu	Fatih	Kozlu	525	1.76	54.42
Kozlu Anadolu Lisesi	Fatih	Kozlu	212	0.71	21.98
Kozlu Lisesi	Fatih	Kozlu	432	1.44	44.78
Kozlu Alparslan İlköğretim Okulu	Güney	Kozlu	279	0.93	28.92
Kozlu Atilla İlköğretim Okulu	Güney	Kozlu	689	2.30	71.43
Kozlu Namık Kemal İlköğretim Okulu	Güney	Kozlu	95	0.32	9.85

Tablo A.4. (Devam) Okullarda tüketilen kömür miktarının hesaplanması

Okul Adı	Mahalle	İlçe/Belde	Öğrenci Sayısı	Öğrenci Sayısı (%)	Kömür tüketimi (ton/yıl)
Kozlu Cengiz Topel İlköğretim Okulu	İhsaniye	Kozlu	407	1.36	42.19
Kozlu Kılıç İlköğretim Okulu	Kılıç	Kozlu	254	0.85	26.33
Kozlu Cumhuriyet İlköğretim Okulu	Merkez	Kozlu	249	0.83	25.81
Kozlu İmam Hatip Lisesi	Merkez	Kozlu	82	0.27	8.50
Kozlu Teknik ve Endüstri Meslek Lisesi	Merkez	Kozlu	736	2.46	76.30
Vali Tevfik Başakar İlköğretim Okulu	Taşbaca	Kozlu	116	0.39	12.03
Muslu İlköğretim Okulu	Merkez	Muslu	151	0.50	15.65
Ahmet Erdoğan İlköğretim Okulu	Bahçelievler	Zonguldak	778	2.60	80.65
Bahçelievler İlköğretim Okulu	Bahçelievler	Zonguldak	1090	3.64	112.99
İbrahim Fikri Anıl İlköğretim Okulu	Bahçelievler	Zonguldak	53	0.18	5.49
Uzun Mehmet İşitme Engelliler İlköğretim Okulu	Bahçelievler	Zonguldak	40	0.13	4.15
Atatürk Anadolu Lisesi	Bahçelievler	Zonguldak	639	2.14	66.24
Zonguldak Atatürk Lisesi	Bahçelievler	Zonguldak	598	2.00	61.99
Zonguldak Fen Lisesi	Bahçelievler	Zonguldak	371	1.24	38.46
Merkez Cumhuriyet İlköğretim Okulu	Baştarla	Zonguldak	490	1.64	50.80
Mimar Sinan İlköğretim Okulu	Birlik	Zonguldak	658	2.20	68.21
Zonguldak İ.M.K.B. Anadolu Öğretmen Lisesi	Birlik	Zonguldak	348	1.16	36.08
Fatih İlköğretim Okulu	Çınartepe	Zonguldak	140	0.47	14.51
Hüseyin Girgin İlköğretim Okulu	Çınartepe	Zonguldak	123	0.41	12.75
Üzülmez İlköğretim Okulu	Çınartepe	Zonguldak	414	1.38	42.92
Dilaver İlköğretim Okulu	Dilaver	Zonguldak	219	0.73	22.70
Köksal Toptan İlköğretim Okulu	İnağzı	Zonguldak	495	1.66	51.31
Zonguldak İlköğretim Okulu	İncivez	Zonguldak	537	1.80	55.67
Karaelmas İlköğretim Okulu	Karaelmas	Zonguldak	677	2.26	70.18
Türkiye Od.ve Bors.Birl.Uzunmehmet İlköğ.O	Karaelmas	Zonguldak	271	0.91	28.09
Zafer İlköğretim Okulu	Karaelmas	Zonguldak	168	0.56	17.42
Uzunmehmet Lisesi	Karaelmas	Zonguldak	267	0.89	27.68
Zonguldak Özel Eğitim Meslek Lisesi	Karaelmas	Zonguldak	48	0.16	4.98
467 Evler İlköğretim Okulu	Meşrutiyet	Zonguldak	152	0.51	15.76
Rüzgarlımeşe İlköğretim Okulu	Meşrutiyet	Zonguldak	319	1.07	33.07
Gazi İlköğretim Okulu	Mithatpaşa	Zonguldak	1295	4.33	134.25
Mithatpaşa İlköğretim Oku.	Mithatpaşa	Zonguldak	280	0.94	29.03

Tablo A.4. (Devam) Okullarda tüketilen kömür miktarının hesaplanması

Okul Adı	Mahalle	İlçe/Belde	Öğrenci Sayısı	Öğrenci Sayısı (%)	Kömür tüketimi (ton/yıl)
Mithatpaşa Pfizer 50.yıl İlköğretim Okulu	Mithatpaşa	Zonguldak	244	0.82	25.29
Erdemir Anadolu Lisesi	Ontemmuz	Zonguldak	340	1.14	35.25
Tepebası İlköğretim Okulu	Tepebaşı	Zonguldak	527	1.76	54.63
Anadolu İmam Hatip Lisesi	Tepebaşı	Zonguldak	614	2.05	63.65
Dumlupınar İlköğretim Okulu	Terakki	Zonguldak	211	0.71	21.87
Gazi Mustafa Kemal İlköğretim Okulu	Terakki	Zonguldak	228	0.76	23.64
Fener İlköğretim Okulu	Yayla	Zonguldak	652	2.18	67.59
TED Zonguldak Koleji Vakfı Özel İlköğretim Okulu	Yayla	Zonguldak	406	1.36	42.09
Yayla İlköğretim Okulu	Yayla	Zonguldak	1073	3.59	111.23
Anadolu Tek.L.AML. Tek.L.E.M.L.ve İMEM	Yayla	Zonguldak	1968	6.58	204.01
Fener Anadolu Lisesi	Yayla	Zonguldak	554	1.85	57.43
TED Zonguldak Koleji Vakfı Özel Lisesi	Yayla	Zonguldak	166	0.56	17.21
TOKİ Yenimahalle İlköğretim Okulu	Yeni	Zonguldak	333	1.11	34.52
Kapuz İlköğretim Okulu	Yeşil	Zonguldak	170	0.57	17.62
Yeşiltepe İlköğretim Okulu	Yeşil	Zonguldak	205	0.69	21.25
Toplam			29904	100	3100

Tablo A.5. Çalışma alanındaki toplam kömür tüketim miktarları

İlçe / Belde	Konutlar	Kamu	Özel	Okullar	Toplam
Zonguldak	181040,30	4483	1331	1882,66	188736,96
Kilimli	52015,20	1530		434,77	53979,97
Kozlu	98999,20	1080		614,32	100693,52
Çatalağzı	15448,40			96,72	15545,12
Muslu	3519,00			15,65	3534,65
Gelik				55,88	55,88
Toplam	351022,10	7093,00	1331,00	3100,00	362546,10

MIX
Papier | Fördert gute Waldnutzung
FSC® C083411

Kolibri 360 GmbH
Ferdinand-Jühlke-Straße 7
99095 Erfurt, Deutschland
produktsicherheit@kolibri360.de

Druck:
CPI Druckdienstleistungen GmbH
im Auftrag der
Kolibri 360 GmbH
Ferdinand-Jühlke-Str. 7
99095 Erfurt